Adobe Flash (Animate) CC
动画设计与制作
案例技能实训教程

田帅　主编

清华大学出版社

北京

内 容 简 介

本书以实操案例为单元，以知识详解为线索，从Animate最基本的应用讲起，全面细致地对Animate动画的创作方法和设计技巧进行了介绍。全书共9章，实操案例包括绘制卡通人物、制作人物散步动画、制作手写字效果、制作骑行动画、制作城市旅游片头、制作视频播放效果、制作问卷调查表、制作电子相册、制作新年贺卡等。理论知识涉及绘图工具详解，帧与图层详解，文本应用详解，元件、库与实例详解，动画制作详解，音视频应用详解，组件应用详解，ActionScript特效详解，以及测试与发布等。每章最后还安排了针对性的项目练习，以供读者练手。

本书结构合理，通俗易懂，图文并茂，易教易学，既可作为各类高等院校相关专业的教材，又可作为广大动画设计爱好者和各类技术人员的参考用书。

图书在版编目（CIP）数据

Adobe Flash (Animate) CC动画设计与制作案例技能实训教程 / 田帅主编. —北京：清华大学出版社，2021.11
　　ISBN 978-7-302-59301-0

　　Ⅰ.①A… Ⅱ.①田… Ⅲ.①动画制作软件－教材 Ⅳ.①TP391.414

　　中国版本图书馆CIP数据核字（2021）第200869号

责任编辑：李玉茹
封面设计：李 坤
责任校对：周剑云
责任印制：沈 露
出版发行：清华大学出版社
　　　　　网　　　址：http://www.tup.com.cn, http://www.wqbook.com
　　　　　地　　　址：北京清华大学学研大厦A座　　　　邮　　编：100084
　　　　　社 总 机：010-62770175　　　　　　　　　　邮　　购：010-83470235
　　　　　投稿与读者服务：010-62776969, c-service@tup.tsinghua.edu.cn
　　　　　质 量 反 馈：010-62772015, zhiliang@tup.tsinghua.edu.cn
印 装 者：北京博海升彩色印刷有限公司
经　　销：全国新华书店
开　　本：170mm×240mm　　　　印　　张：15.5　　　字　　数：258千字
版　　次：2022年1月第1版　　　　印　　次：2022年1月第1次印刷
定　　价：79.00元

产品编号：090127-01

前　言

　　Animate软件是Adobe公司旗下功能非常强大的一款二维动画软件，由Flash Professional更名而来，主要用于设计和编辑动画，在动画设计、科技教育、网页设计等领域应用广泛，操作方便、容易上手，深受广大设计爱好者与专业从事设计工作者的喜爱。为了满足新形势下的教育需求，我们组织了一批富有经验的设计师和高校教师，共同策划编写了本书，以便让读者能够更好地掌握作品的设计技能，更好地提升动手能力，更好地与社会相关行业接轨。

本书内容

　　本书以实操案例为单元，以知识详解为线索，先后对各类型平面作品的设计方法、操作技巧、理论支撑、知识阐述等内容进行了介绍。全书共分为9章，其主要内容如下。

章　节	作品名称	知识体系
第1章	绘制卡通人物	主要讲解文档的基本操作、辅助绘图工具、绘图工具、选择对象工具、填充工具、编辑图形对象、修饰图形对象等知识
第2章	制作人物散步动画	主要讲解时间轴和帧、帧操作、图层以及逐帧动画等知识
第3章	制作手写字效果	主要讲解文本类型、设置文本样式、编辑文本、滤镜的应用等知识
第4章	制作骑行动画	主要讲解元件、库以及实例等知识
第5章	制作城市旅游片头	主要讲解形状补间动画、传统补间动画、骨骼动画、引导动画以及遮罩动画等知识
第6章	制作视频播放效果	主要讲解音频、视频的应用等知识
第7章	制作问卷调查表	主要讲解组件的常见类型以及应用编辑等知识
第8章	制作电子相册	主要讲解ActionScript 3.0的起源、ActionScript 3.0的语法知识、运算符、动作面板、脚本的编写与调试、创建交互式动画等知识
第9章	制作新年贺卡	主要讲解测试影片、优化影片以及发布影片等知识

阅读指导

| | 跟 我 学 | 以一步一图的方式进行讲解 |

| | 自 己 练 | 为拓展练习项目，"学习—思考—实践"贯穿全书 |

| | 听 我 讲 | 以理论知识的补充说明为主 |

技巧点拨

知识链接

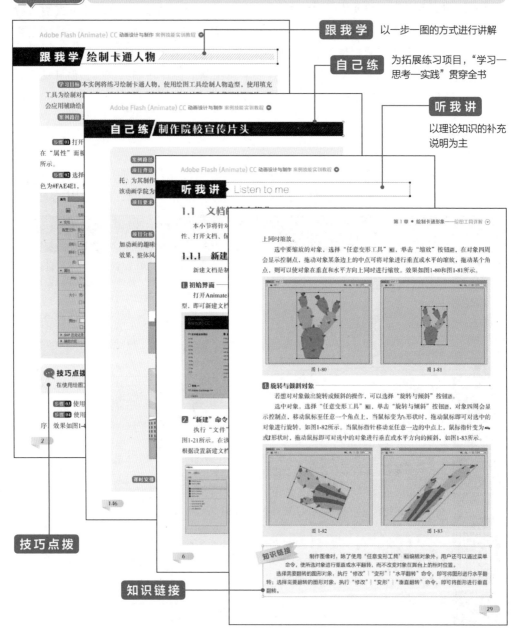

课时安排

　　本书结构合理、讲解细致、特色鲜明，内容着眼于专业性和实用性，符合读者的认知规律，也更侧重于综合职业能力与职业素养的培养，集"教、学、练"为一体。本书的参考学时为54课时，其中理论学习18课时，实训36课时。

配套资源

- 所有"跟我学"案例的素材及最终文件；
- 书中拓展练习"自己练"案例的素材及效果文件；
- 案例操作视频，扫描书中二维码即可观看；
- 平面设计软件常用快捷键速查表；
- 常见配色知识电子手册；
- 全书各章PPT课件。

　　本书由田帅（北华大学）编写，编著者在长期的工作中积累了大量的经验，在写作的过程中始终坚持严谨细致的态度，力求精益求精。由于编者水平有限，书中难免有疏漏之处，希望广大读者批评指正。

编　者

扫描二维码

获取配套资源

目录

第 **1** 章

绘制卡通形象
——绘图工具详解

▶▶▶ 跟我学

▶▶▶ 听我讲

Animate

▶▶▶ 自己练

第**2**章

制作逐帧动画
——帧与图层详解

第 **3** 章

制作书写特效
——文本应用详解

第4章

制作基础动画
——元件、库与实例详解

▶▶▶ 跟我学

▶▶▶ 听我讲

▶▶▶ 自己练

第 **5** 章

制作旅游宣传片
——动画制作详解

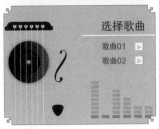

第 **6** 章

制作多媒体动画
——音视频应用详解

Animate

第 **7** 章

制作问卷调查表
——组件应用详解

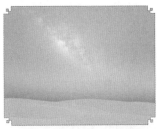

第**8**章

制作交互动画
——ActionScript 特效详解

第 **9** 章

制作电子贺卡
——测试与发布

Animate

第 **1** 章

绘制卡通形象

——绘图工具详解

本章概述

　　本章将针对文档的基本操作与绘图工具进行介绍。Animate是一款二维动画软件，在该软件中，用户可以使用绘图工具绘制需要的图形，再将其制作为动画。通过本章节的学习，可以帮助用户了解辅助绘图工具、绘图工具的使用、颜色的填充以及编辑图形的方法等。

要点难点

- 文档的基本操作 ★☆☆
- 辅助绘图工具 ★☆☆
- 绘图工具 ★★☆
- 填充工具 ★★☆
- 选择对象工具 ★★☆
- 图形对象的编辑 ★★★

跟我学 绘制卡通人物 ////////////////////////////////

学习目标 本实例将练习绘制卡通人物，使用绘图工具绘制人物造型，使用填充工具为绘制对象上色。通过本实例，了解新建文件的过程，学会使用绘图工具，学会应用辅助绘图工具，学会为对象填色。

案例路径 云盘 \ 实例文件 \ 第1章 \ 跟我学 \ 绘制卡通人物

步骤 01 打开Animate软件，单击初始界面中的ActionScript 3.0，新建一个空白文档，在 "属性" 面板中设置文档尺寸为600*400，设置背景颜色为#F1ECE6，如图1-1所示。

步骤 02 选择工具箱中的 "椭圆工具" ◎，在画板中合适位置绘制椭圆，设置其填充色为#FAE4E1，如图1-2所示。

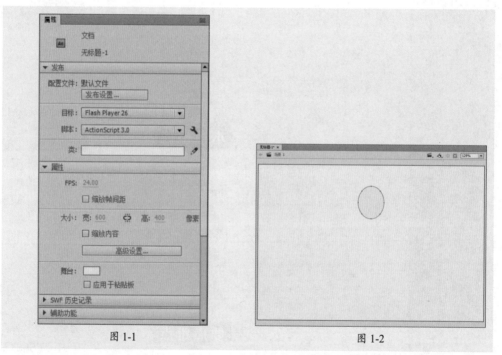

图 1-1   图 1-2

💬 **技巧点拨**

在使用绘图工具时，选择 "属性" 面板中的 "对象绘制" 按钮◎，可以绘制对象。

步骤 03 使用 "选择工具" ▶修改椭圆形状，如图1-3所示。

步骤 04 使用 "钢笔工具" ◎绘制人物头发，设置填充色为#585858，调整图层顺序，效果如图1-4所示。

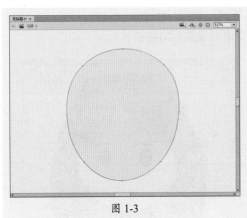

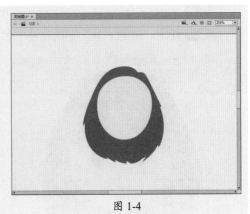

图 1-3   图 1-4

步骤 05 使用相同的方法，继续绘制头发，如图1-5所示。

步骤 06 使用"铅笔工具" 🖉 在画板中绘制线条作为眉毛的一边，设置其颜色为黑色，在"属性"面板中设置其宽度为"宽度配置文件6"，效果如图1-6所示。

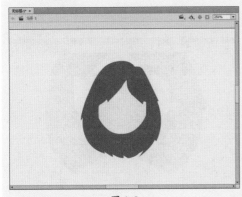

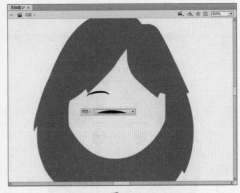

图 1-5   图 1-6

步骤 07 使用相同的方法，绘制线条作为眉毛的另一边，如图1-7所示。

步骤 08 使用"椭圆工具" ◯ 在画板中绘制眼睛，如图1-8所示。

图 1-7   图 1-8

步骤 09 选中绘制的眼睛，按住Alt键拖曳复制，如图1-9所示。

步骤 10 使用"铅笔工具" 绘制鼻子和嘴巴，如图1-10所示。

图 1-9

图 1-10

步骤 11 使用"椭圆工具" 绘制腮红，颜色填充为#EE9899，效果如图1-11所示。

步骤 12 使用"钢笔工具" 绘制人物脖子和肩膀位置，调整对象位置，效果如图1-12所示。

图 1-11

图 1-12

步骤 13 继续使用"钢笔工具" 绘制人物上衣，颜色填充为#FFCCCC，如图1-13所示。

步骤 14 使用相同的方法，绘制裤子，颜色填充为#5E7F9D，效果如图1-14所示。

图 1-13

图 1-14

步骤 15 使用"矩形工具" ▣绘制矩形作为裸露的脚踝，颜色填充为#FAE4E1，并旋转至一定角度，调整图层顺序，如图1-15所示。

步骤 16 使用"钢笔工具" ✎绘制鞋子部分，颜色填充分别为#4F442B和#E7D2B7，并使用"线条工具" ╱绘制线段作为鞋带，如图1-16所示。

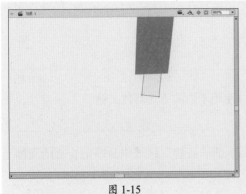

图 1-15

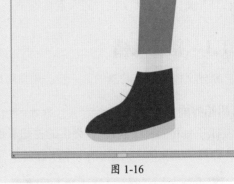

图 1-16

步骤 17 选择绘制的脚踝部分与鞋子，按住Alt键拖曳复制，右击鼠标，在弹出的快捷菜单中选择"变形"|"水平翻转"命令，复制并翻转选中对象，如图1-17所示。

至此，已完成卡通人物形象的绘制，如图1-18所示。

图 1-17

图 1-18

听我讲 Listen to me

1.1 文档的基本操作 /////////////////////////////////////

本小节将针对Animate文档的一些基本操作进行介绍，包括新建文档、设置文档属性、打开文档、保存文档、导入素材等。

1.1.1 新建文档

新建文档是制作动画的第一步。用户可以使用不同的方法新建文档。

1. 初始界面

打开Animate软件后，在弹出的初始界面中的"新建"区域中，单击合适的文档类型，即可新建文档，如图1-19、图1-20所示。

图 1-19

图 1-20

2. "新建"命令

执行"文件"|"新建"命令或按Ctrl+N组合键，打开"新建文档"对话框，如图1-21所示。在该对话框中可以对文档属性进行设置，完成后单击"确定"按钮，即可根据设置新建文档，如图1-22所示。

图 1-21

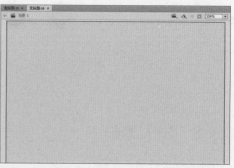

图 1-22

1.1.2　设置文档属性

对于创建好的文档，用户可以在不选中任何对象的情况下，在"属性"面板中对舞台大小、舞台颜色、帧频等参数进行设置。

单击"属性"面板中的"高级设置"按钮，或执行"修改"|"文档"命令，或按Ctrl+J组合键，还可以打开"文档设置"对话框进行更详细的设置，如图1-23所示。

图 1-23

1.1.3　打开文档

直接单击Animate初始界面中的"打开"按钮，或执行"文件"|"打开"命令，或按Ctrl＋O组合键，都可以打开"打开"对话框，在该对话框中找到需要打开的文档，单击"打开"按钮即可。

也可以在文件夹中双击Animate文档的图标将其打开。

1.1.4　保存文档

在制作动画的过程中，用户可以及时保存文档，以避免文档内容丢失。

执行"文件"|"保存"命令，或按Ctrl+S组合键，即可保存文档。若想将文件另存，执行"文件"|"另存为"命令，或按Ctrl+Shift+S组合键，即可打开"另存为"对话框，选择合适的位置另存文档。

初次保存文档时，无论执行"保存"命令还是"另存为"命令，都会打开"另存为"对话框，在该对话框中可以对文档名称及位置进行设置。

1.1.5　导入素材

将素材文件导入文档中，可以减少工作量，提高制作效率。

执行"文件"|"导入"|"导入到舞台"命令，或按Ctrl+R组合键，打开"导入"对

话框，在该对话框中选择要导入的素材文件，单击"打开"按钮即可将选中的素材导入舞台中。此时"库"面板中也会出现导入的素材。

用户也可以通过执行"文件"|"导入"|"导入到库"命令，将素材对象导入"库"面板中，需要时再拖曳至舞台中。

1.2 辅助绘图工具

辅助绘图工具可以帮助用户精确定位某些对象。常见的辅助绘图工具有标尺、网格、辅助线等。本小节将针对这3种辅助绘图工具进行介绍。

1.2.1 标尺

执行"视图"|"标尺"命令，或按Ctrl＋Shift＋Alt＋R组合键，即可打开标尺，如图1-24所示。再次执行"视图"|"标尺"命令或按相应的组合键，可将其隐藏。舞台的左上角是标尺的零起点。

标尺的度量单位默认是像素，用户也可以根据自身习惯改变度量单位。执行"修改"|"文档"命令，或按Ctrl+J组合键，即可打开"文档设置"对话框，在该对话框中设置度量单位即可，如图1-25所示。

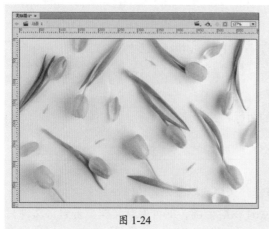

图 1-24   图 1-25

1.2.2 网格

执行"视图"|"网格"|"显示网格"命令，或按Ctrl＋,组合键，即可显示网格，如图1-26所示。再次执行该命令，可将网格隐藏。

若想对网格进行编辑，可以执行"视图"|"网格"|"编辑网格"命令，或按Ctrl＋Alt＋G组合键，打开"网格"对话框，如图1-27所示。在该对话框中可以对网格的颜色、间距和贴紧精确度等参数进行设置，以满足用户需求。

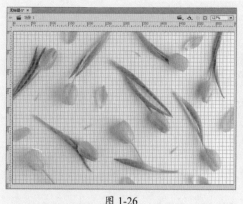
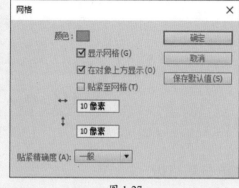

图 1-26   图 1-27

💬 **技巧点拨**

若选中"贴紧至网格"复选框，则可以紧贴水平和垂直网格线绘制图形，即使网格不可见，也可以紧贴网格线绘制图形。

1.2.3　辅助线

辅助线依托于标尺存在，通过辅助线可以规划舞台中对象的位置，检查各个对象的对齐和排列情况，还可以提供自动吸附功能。

按Ctrl＋Shift＋Alt＋R组合键显示标尺，执行"视图"|"辅助线"|"显示辅助线"命令，或按Ctrl＋；组合键，可以显示或隐藏辅助线。在水平标尺或垂直标尺上按住鼠标向舞台拖动，即可添加辅助线，辅助线的默认颜色为蓝色，如图1-28所示。

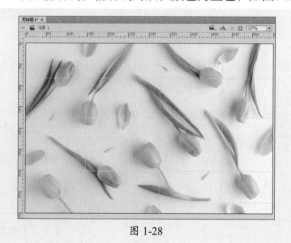

图 1-28

若想修改辅助线，可以执行"视图"|"辅助线"|"编辑辅助线"命令，或按Ctrl+Shift+Alt+G组合键，打开"辅助线"对话框，如图1-29所示，在该对话框中设置参数即可。

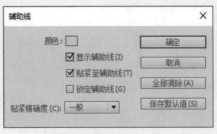

图 1-29

💬 **技巧点拨**

　　若想删除单个辅助线，选中该辅助线拖曳至标尺上即可；若想删除当前场景中的所有辅助线，执行"视图"|"辅助线"|"清除辅助线"命令即可。

1.3 　绘图工具

　　随着软件的升级，Animate软件的绘图功能越发强大，可以方便快捷地绘制各种矢量图形。本小节将针对Animate软件中的绘图工具进行介绍。

1.3.1 　钢笔工具

　　用户可以使用"钢笔工具" 🖋 绘制出平滑精确的直线或曲线。还可以通过调整线条上的节点来改变绘制完成的直线段或曲线段的样式。图1-30所示为钢笔工具组。

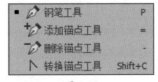

图 1-30

　　单击工具箱中的"钢笔工具" 🖋 或按P键，即可切换至钢笔工具。钢笔工具可以精确地控制绘制的图形，并对绘制的节点、节点的方向点等很好地进行控制，适用于喜欢精准设计的人员。图1-31、图1-32所示为使用"钢笔工具" 🖋 绘制的图形。

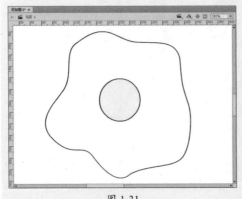

图 1-31

图 1-32

用户可以使用钢笔工具组中的工具做出如下操作。

1. 画直线

选择"钢笔工具"后，每单击一下鼠标左键，就会产生一个锚点，且同前一个锚点用直线自动连接。在绘制的同时，若按住Shift键，则将线段约束为45°的倍数。图1-33所示为使用"钢笔工具" 绘制的直线。

2. 画曲线

曲线的绘制是钢笔工具最强的功能。添加新的线段时，在某一位置按住鼠标左键后不要松开，拖动鼠标，则新的锚点与前一锚点用曲线相连，并且会显示控制曲率的切线控制点。如图1-34所示为使用"钢笔工具"绘制的曲线。

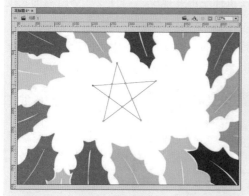

图 1-33

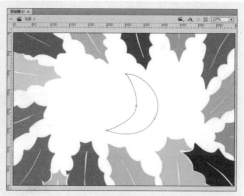

图 1-34

💬 技巧点拨

双击最后一个绘制的锚点，即可结束开放曲线的绘制，也可以按住Ctrl键单击舞台中的任意位置结束绘制；要结束闭合曲线的绘制，可以移动光标至起始锚点位置上，当光标变为 形状时在该位置单击，即可闭合曲线并结束绘制操作。

3. 添加锚点

若想在曲线上添加锚点，可以使用钢笔工具组中的"添加锚点工具"。

在钢笔工具组中选中"添加锚点工具"，移动笔尖对准要添加锚点的位置，当光标变为 形状时，单击鼠标，即可添加锚点。

4. 删除锚点

删除锚点与添加锚点正好相反，选择钢笔工具组中的"删除锚点工具"，将笔尖对准要删除的锚点，待光标变为 形状时，单击鼠标，即可删除锚点。

5. 转换锚点

"转换锚点工具"可以转换曲线上的锚点类型。当光标变为 形状时，将鼠标移至曲线上需操作的锚点上，单击鼠标，即可将曲线点转换为转角点。选中转角点拖曳，即可将转角点转换为曲线点。

知识链接　　　使用"部分选取工具" ▶ 选择转角点，然后按住Alt键拖动该点来调整切线手柄可以将转角点转换为曲线点；使用"钢笔工具" ✐ 单击曲线点可以将曲线点转换为转角点。

1.3.2 线条工具

Animate软件中专门用于绘制直线的工具是"线条工具" ✐。使用"线条工具" ✐ 可以绘制出各种直线图形，并且可以对直线的样式、粗细程度和颜色等进行设置。

选择工具箱中的线条工具，在舞台中按住鼠标左键并拖曳，当直线达到所需的长度和斜度时，释放鼠标即可。

选择工具箱中的"线条工具" ✐ 后，在其对应的"属性"面板中可以设置线条的属性，如图1-35所示。绘制完成的直线，也可以选中后在"属性"面板中进行修改。

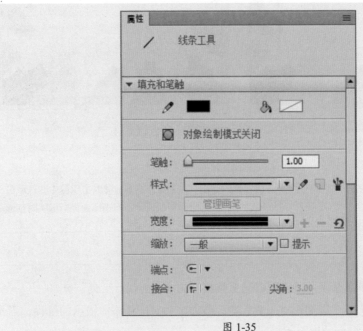

图 1-35

"属性"面板中部分常用选项的作用如下。

- **笔触颜色** ✐ ■：用于设置所绘线段的颜色。
- **笔触：** 用于设置线段的粗细。
- **样式：** 用于设置线段的样式。
- **编辑笔触样式** ✐：单击该按钮，将打开"笔触样式"对话框，如图1-36所示。从中可以对线条的类型等属性进行设置。

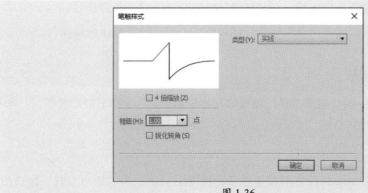

图 1-36

- **画笔库** : 单击该按钮将打开"画笔库"面板。
- **缩放** : 用于设置在Player中笔触缩放的类型。
- **提示** : 勾选该复选框,可以将笔触锚记点保持为全像素,防止出现模糊线。
- **端点** : 用于设置线条端点的形状,包括"无""圆角"和"方形"。
- **接合** : 用于设置线条之间接合的形状,包括"尖角""圆角"和"斜角"。

💬 **技巧点拨**

在绘制直线时,按住Shift键可以绘制水平线、垂直线和45° 斜线;按住Alt键,则可以绘制任意角度的直线。

1.3.3 铅笔工具

"铅笔工具" 也可以用于绘制线条。选择工具箱中的"铅笔工具" ,在舞台上单击鼠标,按住鼠标不放并拖曳,即可按照拖曳路线绘制出线条。若想绘制平滑或者伸直的线条时,可以在工具箱下方的选项区域中为铅笔工具选择一种绘图模式,如图1-37所示。

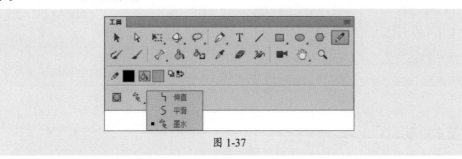

图 1-37

铅笔工具绘图模式的作用,主要有以下3种。

- **伸直** : 选择该绘图模式,当绘制出近似的正方形、圆形、直线或曲线等图形时,Animate软件将根据它的判断调整成规则的几何形状。

- **平滑** ⑤：用于绘制平滑曲线。在"属性"面板可以设置平滑参数。
- **墨水** ✑：用于随意地绘制各类线条，这种模式不对笔触进行任何修改。

1.3.4 矩形工具

使用矩形工具组中的"矩形工具" ▣或"基本矩形工具" ▣都可以绘制矩形。本小节将针对这两种工具进行介绍。

1. 矩形工具

"矩形工具" ▣用于绘制长方形和正方形。选择工具箱中的"矩形工具" ▣或按R键，切换至矩形工具，在舞台中单击鼠标左键并拖曳，当到达合适位置时，释放鼠标即可绘制矩形。若想绘制正方形，可以在绘制过程中按住Shift键。

选择工具箱中的"矩形工具" ▣，在"属性"面板中可以对其属性进行设置，如图1-38所示为矩形工具的"属性"面板。用户也可以选中绘制完成的矩形，在"属性"面板中修改其参数，如图1-39所示。

图 1-38

图 1-39

2. 基本矩形工具

"基本矩形工具" ▣用于创建独立的矩形对象。创建基本形状后，可以选择舞台上的形状，通过调整"属性"面板中的参数更改半径和尺寸。

选中矩形工具组 ▣并单击，在弹出的菜单中选择"基本矩形工具" ▣，在舞台上按住鼠标左键并拖动，即可绘制基本矩形。此时绘制的矩形有四个节点，用户可以直接拖动节点或在"属性"面板的"矩形选项"区域中设置参数，即可改变矩形的边角，如图1-40、图1-41所示。

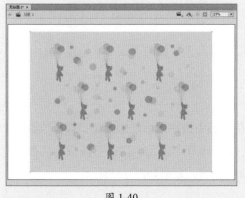 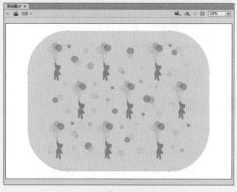

图 1-40 图 1-41

💬 **技巧点拨**

使用"基本矩形工具" ▣绘制基本矩形时，按↑键和↓键可以改变圆角的半径。

1.3.5 椭圆工具

使用椭圆工具组中的"椭圆工具" ◉和"基本椭圆工具" ⊜都可以绘制椭圆。本小节将针对这两种工具进行介绍。

1.椭圆工具

利用"椭圆工具" ◉可以绘制椭圆或正圆。选择工具箱中的"椭圆工具" ◉或按O键，切换至椭圆工具，在舞台中按住鼠标左键并拖曳，当椭圆达到所需形状及大小时，释放鼠标即可绘制椭圆。若想绘制正圆，可以在绘制椭圆之前或在绘制过程中按住Shift键。

选择工具箱中的"椭圆工具" ◉，在"属性"面板中，可以对椭圆工具的填充、笔触等属性进行设置，如图1-42所示。选中绘制完成的椭圆，也可以在"属性"面板中对其进行调整。

"属性"面板中的"椭圆选项"区域中各选项的作用如下。

图 1-42

- **开始角度和结束角度**：用于绘制扇形以及其他有创意的图形。
- **内径**：参数值范围为0~99。参数值为0时绘制的是填充的椭圆；参数值为99时绘制的是只有轮廓的椭圆；为中间值时，绘制的是内径大小不同的圆环。
- **闭合路径**：确定图形的闭合与否。
- **重置**：重置椭圆工具的所有控件，并将在舞台上绘制的椭圆形状恢复为原始大小和形状。

2. 基本椭圆工具 ──────────────────────────────

　　选中工具箱中的"基本椭圆工具" ⊙，在舞台中按住鼠标左键并拖动即可绘制基本椭圆。此时绘制的图形有节点，用户可以直接拖动节点或在"属性"面板的"椭圆选项"区域中设置参数，如图1-43所示，即可改变形状，效果如图1-44所示。

图 1-43

图 1-44

💬 **技巧点拨**

　　"基本矩形工具" ▣ 和"基本椭圆工具" ⊙ 创建的图形可以通过打散命令（选中后按Ctrl+B组合键）得到普通矩形和椭圆。

1.3.6 多角星形工具

　　若想在舞台中绘制多边形或多角星形，可以使用"多角星形工具" ◎。

选中工具箱中的"多角星形工具" ⬡，在舞台上按住鼠标左键拖动即可创建图形。用户也可以选中"多角星形工具" ⬡后，在"属性"面板中对其属性进行设置，如图1-45所示。单击"选项"按钮，可以打开"工具设置"对话框，在其中可以修改图形样式等参数，如图1-46所示。

图 1-45

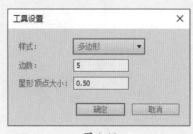

图 1-46

"工具设置"对话框中各选项的作用如下。

● **样式**：用于设置样式为多边形或星形。

● **边数**：用于设置形状的边数。

● **星形顶点大小**：选择"星形"样式时，通过该属性可以改变星形形状。

图1-47所示为设置不同参数绘制的图形。

图 1-47

知识链接
　　星形顶点大小只针对星形样式，输入的数字越接近0，创建的顶点就越深。若是绘制多边形，则一般保持默认设置。

1.3.7　画笔工具

Animate中的画笔工具分为"画笔工具（Y）" 和"画笔工具（B）" ✎两种。"画笔工具（Y）" ✎可以通过沿绘制路径应用所选艺术画笔的图案，绘制出风格化的画笔笔触，而"画笔工具（B）" ✎绘制的形状是色块。这两种画笔工具都可以绘制任意形状的图形。本小节将对这两种画笔工具进行介绍。

1. 画笔工具（Y）

"画笔工具（Y）" ✎可以绘制出风格化的画笔笔触，使用时类似于Illustrator软件中常用的艺术画笔和图案画笔，如图1-48、图1-49所示。

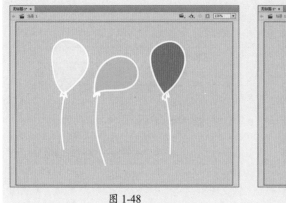
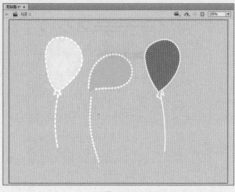

图 1-48　　　　　　　　　　　　　　　　图 1-49

选择工具箱中的"画笔工具（Y）" ✎，可以在"属性"面板中设置其属性参数，如图1-50所示。

图 1-50

"属性"面板中部分选项的作用如下。

● **对象绘制** ▣：用于设置是否采用对象绘制模式。

● **编辑笔触样式** ✐：单击该按钮可打开"笔触样式"对话框，如图1-51所示。在该对话框中可以设置笔触类型。

● **画笔库** ▯：单击该按钮可以打开"画笔库"对话框，如图1-52所示。在该对话框中选择合适的画笔双击，即可将其添加到"属性"面板的样式下拉列表中。

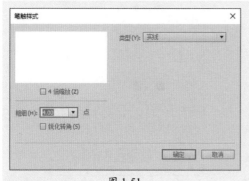

图 1-51

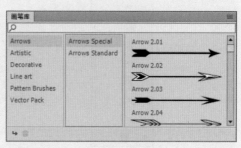

图 1-52

2. 画笔工具（B）

利用"画笔工具（B）" ✐ 可以在舞台中绘制色块，用户可以自定义画笔，制作更具视觉吸引力的效果。

选中工具箱中的"画笔工具（B）" ✐或按B键，切换至画笔工具，在"属性"面板中可对其属性进行设置，如图1-53所示。设置完成后，在舞台上拖动鼠标即可绘制需要的图形。

图 1-53

"画笔形状"区域中部分选项的作用如下。

- **画笔形状**━：用于选择画笔形状。如图1-54所示为Animate软件中自带的画笔形状。
- **添加自定义画笔形状**╋：单击该按钮后，将打开"笔尖选项"对话框，如图1-55所示。在该对话框中进行设置，完成后单击"确定"按钮即可按照设置添加画笔形状。

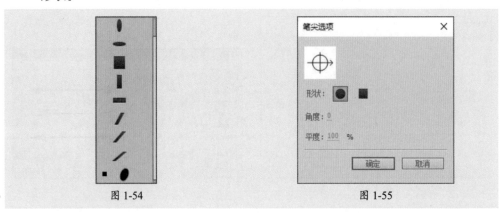

图 1-54   图 1-55

- **删除自定义画笔形状**━：单击该按钮，将删除选中的自定义画笔，此操作不可逆。
- **编辑自定义画笔形状**✎：单击该按钮，将打开"笔尖选项"对话框对当前选中画笔的形状进行设置。
- **大小**：用于设置画笔大小。

除了在"属性"面板中设置画笔模式外，用户还可以选中工具箱中的"画笔工具（B）" ✎ ，在工具箱下方的选项区域中进行设置，如图1-56所示。

图 1-56

这5种画笔模式的作用分别如下。

- **标准绘画**：使用该模式绘图，在笔刷所经过的地方，线条和填充全部被笔刷填充所覆盖。
- **颜料填充**：使用该模式只能对填充部分或空白区域填充颜色，不会影响对象的轮廓。
- **后面绘画**：使用该模式可以在舞台上同一层中的空白区域填充颜色，不会影响对象的轮廓和填充部分。

- **颜料选择**：使用该模式必须要先选择一个对象，然后使用刷子工具在该对象所占有的范围内填充（选择的对象必须是打散后的对象）。
- **内部绘画**：该模式分为3种状态。当刷子工具的起点和终点都在对象的范围以外时，刷子工具填充空白区域；当起点和终点有一个在对象的填充部分以内时，则填充刷子工具所经过的填充部分（不会对轮廓产生影响）；当刷子工具的起点和终点都在对象的填充部分以内时，则填充刷子工具所经过的填充部分。

1.4　选择对象工具

使用选择工具选中图形后，就可以对其进行编辑。常用的选择工具有"选择工具"▶、"部分选取工具"▶、"套索工具"◯等。本小节将针对这3种常见的选择工具进行介绍。

1.4.1　选择工具

利用"选择工具"▶可以选择单个或多个整体对象，是最常用的一种工具。选择工具箱中的"选择工具"▶或按V键，即可切换至选择工具。

1. 选择单个对象

使用"选择工具"▶在要选择的对象上单击即可选中单个对象。

2. 选择多个对象

选取一个对象后，按住Shift键依次单击要选取的多个对象即可，如图1-57所示。也可以在空白区域按住鼠标左键拖曳出一个矩形范围，矩形范围内的对象都将被选中，如图1-58所示。

图 1-57

图 1-58

3. 双击选择图形

使用"选择工具"▶在对象上双击鼠标左键即可将其选中。若在线条上双击鼠标，则可以将颜色相同、粗细一致、连在一起的线条同时选中。

4. 取消选择对象

使用鼠标单击工作区的空白区域，可以取消对所有对象的选择；按住Shift键，使用鼠标单击选中对象可以取消对该对象的选择。

5. 移动对象

使用"选择工具" ▶选中对象，按住鼠标左键并拖曳，可将对象拖到其他位置。

6. 修改形状

利用"选择工具" ▶可以修改对象的外框线条，在修改外框线条之前必须取消对该对象的选择。

移动鼠标至两条线的交角处，当鼠标指针变为 ▶形状时，按住鼠标左键拖曳，即可拉伸线的交点，如图1-59所示。若移动鼠标至线条附近，当鼠标指针变为 ▶形状时，按住鼠标左键拖曳，则可以变形线条，如图1-60所示。

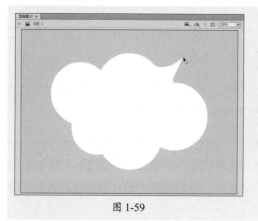

图 1-59

图 1-60

1.4.2 部分选取工具

利用"部分选取工具" ▶可以选择矢量图形上的锚点，并对锚点进行拖曳、调整路径方向等操作。

选择工具箱中的"部分选取工具" ▶或者按A键，即可切换至部分选取工具。在使用部分选取工具时，以下几种不同情况下鼠标的指针形状也不同。

- 当鼠标指针移动到某个锚点上时，鼠标指针变为 ▶形状，这时按住鼠标左键拖动可以改变该锚点的位置。
- 当鼠标指针移动到没有节点的曲线上时，鼠标指针变为 ▶形状，这时按住鼠标左键拖动可以移动图形的位置。
- 当鼠标指针移动到锚点的调节柄上时，鼠标指针变为 ▶形状，按住鼠标左键拖动可以调整与该锚点相连的线段的弯曲程度。

1.4.3 套索工具

套索工具组中包括3种选择工具，分别是“套索工具”、“多边形工具”和“魔术棒”。通过这3种工具，可以选取不规则的物体。

1. 套索工具

使用“套索工具”可以选择打散对象的某一部分。选择“套索工具”后，按住鼠标左键并拖曳，圈出要选择的范围，释放鼠标左键后，Animate会自动选取套索工具圈定的封闭区域；当线条没有封闭时，Animate将用直线连接起点和终点，自动闭合曲线，如图1-61、图1-62所示。

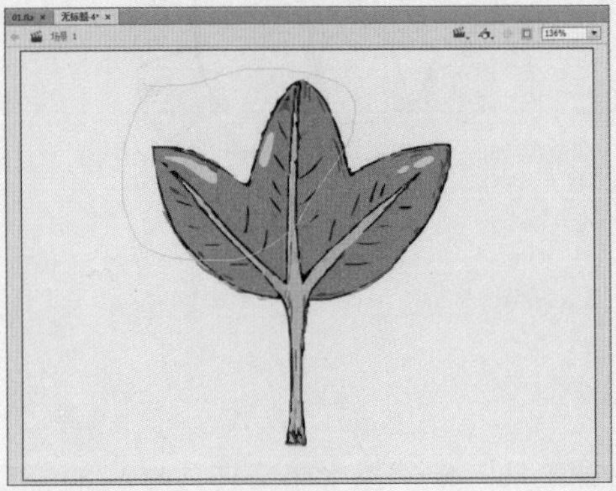

图 1-61

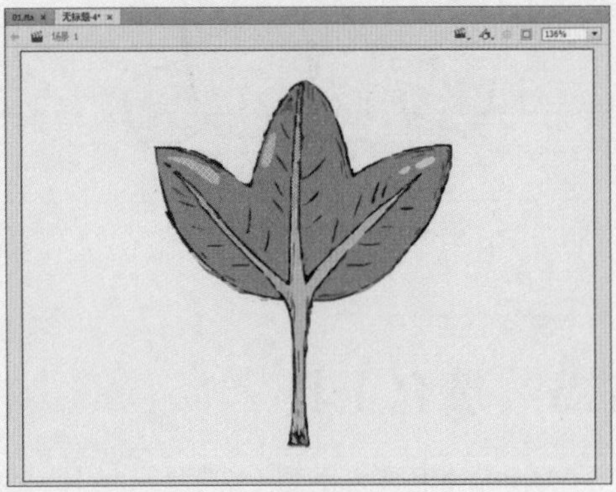

图 1-62

2. 多边形工具

利用“多边形工具”可以比较精确地选取不规则图形。选择“多边形工具”，在舞台中每次单击鼠标就会确定一个端点，最后鼠标回到起始处双击，形成一个多边形，即选择的范围，如图1-63、图1-64所示。

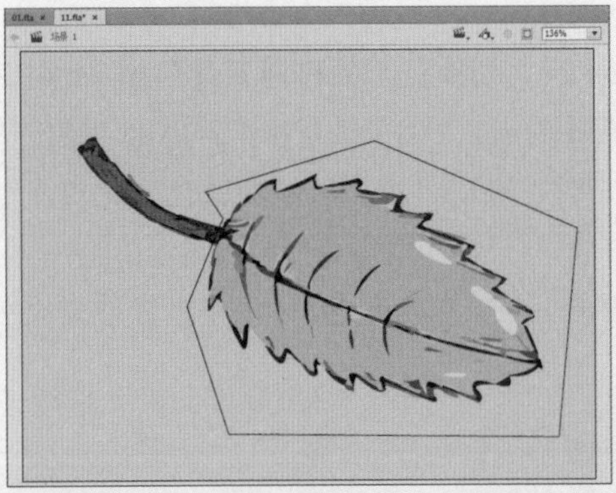

图 1-63

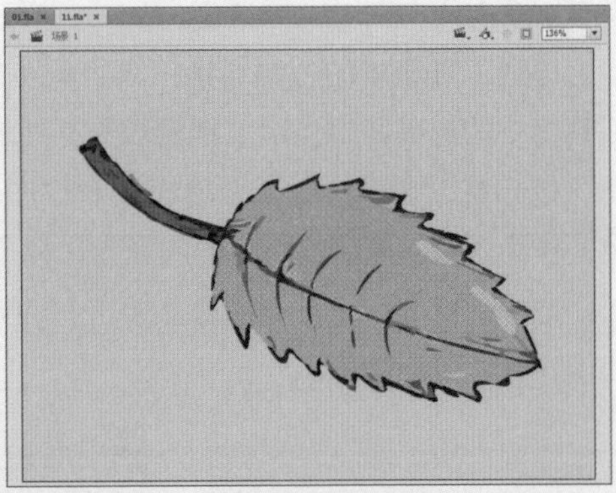

图 1-64

3. 魔术棒

“魔术棒”主要用于对位图的操作。导入位图对象后，按Ctrl+B组合键打散位图对象，选择"魔术棒" ，在"属性"面板中设置合适的参数，在位图上单击即可选中与单击点颜色类似的区域，如图1-65、图1-66所示。

图 1-65

图 1-66

1.5　填充工具

　　Animate中常见的颜色填充工具有"颜料桶工具" 🖌、"墨水瓶工具" 🖌、"滴管工具" 🖌等，使用这些工具可以制作出丰富的填充效果。本小节将针对常见的填充工具进行介绍。

1.5.1　颜料桶工具

　　"颜料桶工具" 🖌可以为工作区内有封闭区域的图形填色。通过设置，还可以为一些没有完全封闭的图形区域填色。

　　选择工具箱中的"颜料桶工具" 🖌或者按K键，切换至"颜料桶工具" 🖌。此时，工具箱中的选项区中显示"锁定填充"按钮🖌和"空隙大小"按钮〇。若单击"锁定填充"按钮🖌，则当使用渐变填充或者位图填充时，可以将填充区域的颜色变化规律锁定，作为这一填充区域周围的色彩变化规范。

　　选中"空隙大小"按钮〇并单击，在弹出的下拉菜单中包括4种用于设置空隙大小的模式，如图1-67所示。

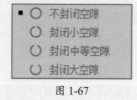
图 1-67

这4种模式的作用如下。

- **不封闭空隙**：选择该命令，只填充完全闭合的空隙。
- **封闭小空隙**：选择该命令，可填充具有小缺口的区域。
- **封闭中等空隙**：选择该命令，可填充具有中等缺口的区域。
- **封闭大空隙**：选择该命令，可填充具有较大缺口的区域。

1.5.2　墨水瓶工具

"墨水瓶工具" 🕹️只影响矢量图形，可用于改变当前线条的颜色（不包括渐变和位图）、尺寸和线型等，或者为填充色描边。选择工具箱中的"墨水瓶工具" 🕹️或按S键，即可切换至"墨水瓶工具" 🕹️。下面将对"墨水瓶工具" 🕹️的使用进行介绍。

1.为填充色描边

选择"墨水瓶工具" 🕹️，在"属性"面板中设置笔触参数，移动光标至舞台区域，在需要描边的填充色上单击，即可为图形描边。如图1-68、图1-69所示为描边前后的效果。

图 1-68

图 1-69

2.为文字描边

选择"墨水瓶工具" 🕹️，在"属性"面板中设置笔触参数，在打散（Ctrl+B组合键）的文字上方单击，即可为文字描边。如图1-70、图1-71所示为描边前后的效果。

图 1-70

图 1-71

1.5.3　滴管工具

使用"滴管工具" 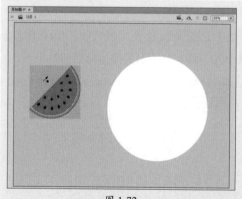可以从舞台中指定的位置拾取填充、位图、笔触等的颜色属性，并应用于其他对象上，类似于格式刷工具。选择工具箱中的"滴管工具" 或按I键，即可切换至滴管工具。下面将对"滴管工具" 的使用进行介绍。

> 💬 **技巧点拨**
>
> 在将吸取的渐变色应用于其他图形时，必须先取消"锁定填充"按钮的选中状态，否则填充的将是单色。

1.提取填充色属性

选择"滴管工具" ，当光标靠近填充色时单击，即可获得所选填充色的属性，此时光标变成颜料桶的样子，如果单击另一个填充色，即可改变这个填充色的属性。

2.提取线条属性

选择"滴管工具" ，当光标靠近线条时单击，即可获得所选线条的属性，此时光标变成墨水瓶的样子，如果单击另一线条，即可改变该线条的属性。

3.提取渐变填充色属性

选择"滴管工具" ，在渐变填充色上方单击，提取渐变填充色，此时在另一个区域中单击即可应用提取的渐变填充色。

4.位图转换为填充色

"滴管工具" 还可以将整幅图片作为元素，填充到图形中。选择图像并按Ctrl+B组合键打散，选择"滴管工具" ，移动鼠标至图像上单击，如图1-72所示。然后选择绘制的图形，单击即可为绘制的图形填充图像，如图1-73所示。

图 1-72　　　　　　　　　　　　　图 1-73

知识链接

执行"窗口"丨"颜色"命令，打开"颜色"面板，如图1-74所示。在该面板中可以设置填充颜色和描边颜色，也可以为选中对象填充渐变与位图。

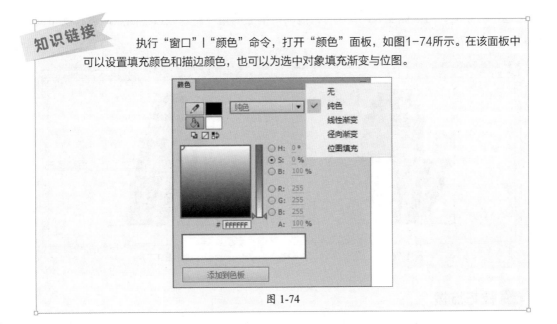

图 1-74

1.6　编辑图形对象

用户可以使用编辑工具或命令对绘制好的图形进行修改，以达到理想效果。本小节将针对图形对象的编辑进行介绍。

1.6.1　任意变形工具

"任意变形工具"的功能非常强大。用户可以使用"任意变形工具"对对象做出扭曲、旋转、倾斜等操作。单击工具箱中的"任意变形工具"，在工具箱下方会出现5个按钮，分别是"贴紧至对象"按钮、"旋转与倾斜"按钮、"缩放"按钮、"扭曲"按钮、"封套"按钮，如图1-75所示。

图 1-75

下面将对"任意变形工具"几种常用的功能进行介绍。

1. 扭曲对象

利用"扭曲"按钮可以增强图形的透视效果，对图形进行扭曲变形。

选中要编辑的对象，选择"任意变形工具"，单击"扭曲"按钮，移动鼠标至选定对象上，当鼠标变为▷形状时，拖动边框上的角控制点或边控制点即可移动角或边，如图1-76、图1-77所示。

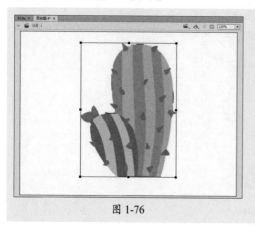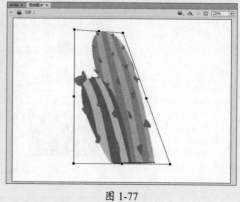

图 1-76　　　　　　　　　　　　　　　图 1-77

💬 **技巧点拨**

　　在拖动角控制点时，若按住Shift键，鼠标变为▶形状时，则可对对象进行锥化处理。扭曲只对在场景中绘制的图形有效，对位图和元件无效。

②. 封套对象

　　封套是把图形"封"在里面，更改封套的形状即可影响该封套内的对象的形状。选择"封套"按钮🖾可以对图形进行任意形状的调整，可以达到扭曲在某些局部无法完成的变形效果。

　　选中对象，选择"任意变形工具"🖾，单击"封套"按钮🖾，在对象的四周会显示若干控制点和切线手柄，拖动这些控制点及切线手柄，即可对对象进行任意形状的修改。用户可以通过调整封套的点和切线手柄来编辑封套形状，如图1-78、图1-79所示。

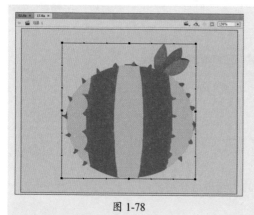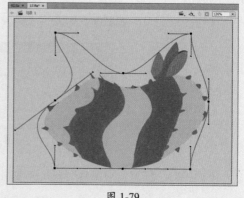

图 1-78　　　　　　　　　　　　　　　图 1-79

③. 缩放对象

　　选择"缩放"按钮🖾可以在垂直或水平方向上缩放对象，还可以在垂直和水平方向上同时缩放。

　　选中要缩放的对象，选择"任意变形工具" ，单击"缩放"按钮 ，在对象四周会显示控制点，拖动对象某条边上的中点可将对象进行垂直或水平的缩放，拖动某个角点，则可以使对象在垂直和水平方向上同时进行缩放。效果如图1-80和图1-81所示。

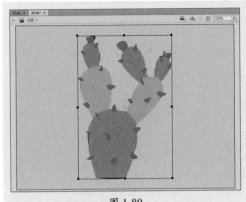 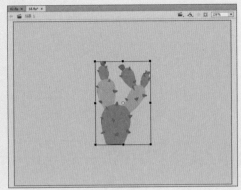

图 1-80　　　　　　　　　　　　　　　　　　图 1-81

4. 旋转与倾斜对象

　　若想对对象做出旋转或倾斜的操作，可以选择"旋转与倾斜"按钮 。

　　选中对象，选择"任意变形工具" ，单击"旋转与倾斜"按钮 ，对象四周会显示控制点，移动鼠标至任意一个角点上，当鼠标变为 形状时，拖动鼠标即可对选中的对象进行旋转，如图1-82所示。当鼠标指针移动至任意一边的中点上，鼠标指针变为 ⇌ 或 形状时，拖动鼠标即可对选中的对象进行垂直或水平方向的倾斜，如图1-83所示。

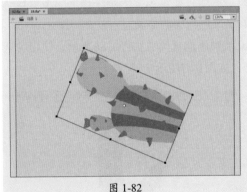 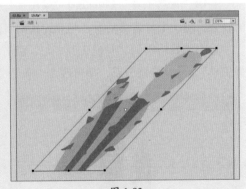

图 1-82　　　　　　　　　　　　　　　　　　图 1-83

知识链接

　　制作图像时，除了使用"任意变形工具" 编辑对象外，用户还可以通过菜单命令，使所选对象进行垂直或水平翻转，而不改变对象在舞台上的相对位置。

　　选择需要翻转的图形对象，执行"修改"|"变形"|"水平翻转"命令，即可将图形进行水平翻转；选择需要翻转的图形对象，执行"修改"|"变形"|"垂直翻转"命令，即可将图形进行垂直翻转。

1.6.2 渐变变形工具

利用"渐变变形工具" ▣可以调整图形中的渐变效果。选中要调整的渐变对象，选中工具箱中的"任意变形工具" ▦并单击，在弹出的菜单中选择"渐变变形工具" ▣，显示选中对象的控制点，进行调节，如图1-84、图1-85所示。

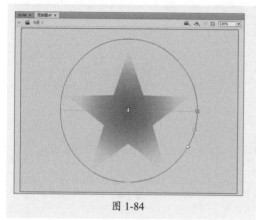
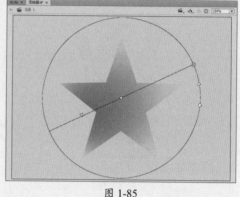

图 1-84　　　　　　　　　　　　　　　　图 1-85

💬 **技巧点拨**

"渐变变形工具" ▣还可以对填充的图像元素进行调整。

1.6.3 骨骼工具

利用"骨骼工具" ⿰可以为对象添加骨骼，这些骨骼按父子关系连接成线形或枝状的骨架。当一个骨骼移动时，与其连接的骨骼也发生相应的移动。

选中工具箱中的"骨骼工具" ⿰，沿对象结构添加骨骼，如图1-86所示。使用"选择工具" ▸调整骨骼节点，即可改变对象造型，如图1-87所示。

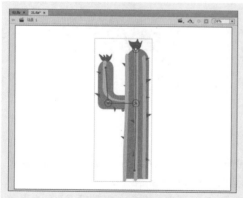
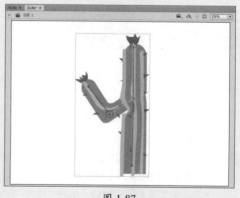

图 1-86　　　　　　　　　　　　　　　　图 1-87

使用"骨骼工具" 在多个剪辑元件之间添加骨骼，可以很便捷地制作元件动画，如图1-88、图1-89所示。

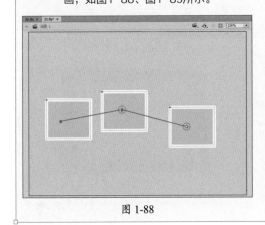

图 1-88

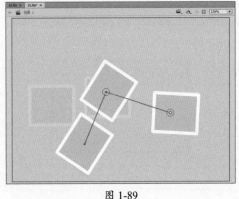

图 1-89

1.6.4 橡皮擦工具

利用"橡皮擦工具" 可以擦除文档中多余的图形对象，从而调整对象效果。选中"橡皮擦工具" ，在工具箱的选项区域中单击"橡皮擦模式"按钮 ，在弹出的菜单中可以选择橡皮擦模式，如图1-90所示。

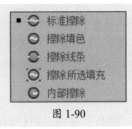

图 1-90

这5种橡皮擦模式的作用如下。

● **标准擦除**：选择该模式，将只擦除同一层上的笔触和填充。

● **擦除填色**：选择该模式，将只擦除填充颜色，其他区域不影响。

● **擦除线条**：选择该模式，将只擦除笔触，不影响其他内容。

● **擦除所选填充**：选择该模式，将只擦除当前选定的填充。

● **内部擦除**：选择该模式，将只擦除橡皮擦笔触开始处的填充。

选中工具箱中的"橡皮擦工具" ，按住鼠标左键在需要擦除的地方拖动即可擦除经过的对象区域；双击"橡皮擦工具" 将删除文档中所有的内容。

1.6.5 宽度工具

利用"宽度工具" 可以通过调整笔触的粗细度来调整笔触效果。

使用任意绘图工具绘制笔触或形状，选中"宽度工具" ，移动鼠标至笔触上，即可显示潜在的宽度点数和宽度手柄，选定宽度点数拖动宽度手柄，即可改变笔触可变宽度，如图1-91、图1-92所示。

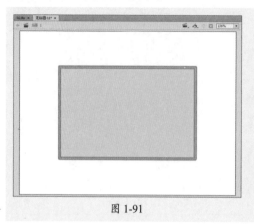

图 1-91

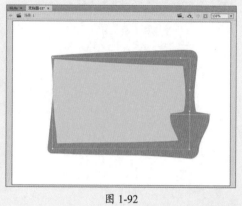

图 1-92

1.6.6 合并对象

执行"修改" | "合并对象"菜单中的"联合""交集""打孔""裁切"等子命令，可以合并或改变现有对象来创建新形状，所选对象的堆叠顺序决定了操作的工作方式。下面将对合并对象进行介绍。

知识链接　　　在使用椭圆工具、矩形工具或画笔工具绘制矢量图形时，可以单击工具箱选项区域中的"对象绘制"按钮 ，在工作区中进行对象绘制。

1. 联合对象

执行"修改" | "合并对象" | "联合"命令，可以将两个或多个形状合成一个对象绘制图形。如图1-93、图1-94所示为联合前后的效果。

图 1-93

图 1-94

2. 交集对象

执行"修改"|"合并对象"|"交集"命令，可以将两个或多个形状重合的部分创建为新形状，生成的形状使用堆叠中最上面的形状的填充和笔触。如图1-95、图1-96所示为交集对象前后的效果。

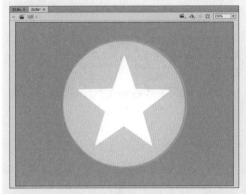

图 1-95

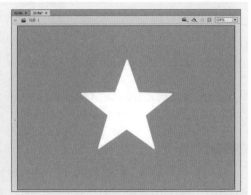

图 1-96

3. 打孔对象

执行"修改"|"合并对象"|"打孔"命令，可以删除所选对象的某些部分，这些部分由所选对象的重叠部分决定。如图1-97、图1-98所示为打孔前后的效果。

图 1-97

图 1-98

💬 技巧点拨

"交集"命令与"裁切"命令类似，区别在于"交集"命令保留上面的图形，"裁切"命令保留下面的图形。

4. 裁切对象

执行"修改"|"合并对象"|"裁切"命令，可以使用一个对象的形状裁切另一个对象。如图1-99、图1-100所示为裁切前后的效果。

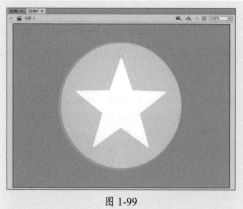

图 1-99 图 1-100

5. 删除封套

　　执行"修改"｜"合并对象"｜"删除封套"命令，可以删除图形中使用的封套。如图1-101、图1-102所示为删除封套前后的效果。该命令仅适用于对象绘制模式。

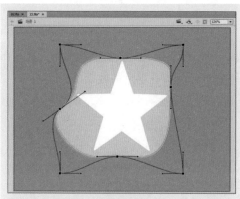
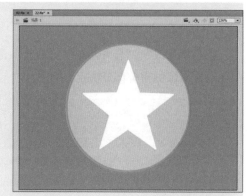

图 1-101 图 1-102

1.6.7　组合和分离对象

　　制作动画时，为了更好地操作多个对象，可以根据需要将其组合或分离。本小节将对组合和分离对象进行介绍。

1. 组合对象

　　组合对象可以将多个图形块或部分图形组成一个独立的整体，从而保证在舞台上任意拖动而不改变其中的图形内容及周围的图形内容，便于绘制或进行再编辑。组合后的图形还可以再次组合成一个复杂的多层组合图形。

　　执行"修改"｜"组合"命令，或按Ctrl+G组合键即可组合选择的对象。如图1-103、图1-104所示为组合前后的效果。

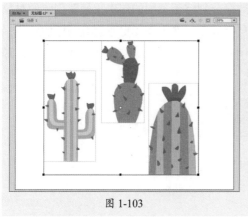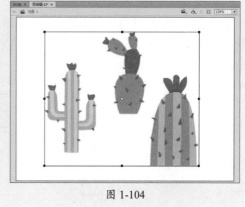

图 1-103　　　　　　　　　　　　　　　图 1-104

若需要对组中的单个对象进行编辑，可以通过"取消组合"命令或按Ctrl+Shift+G组合键，解组对象，也可以选中对象双击，进入该组的编辑状态进行编辑。

2. 分离对象

分离对象可以将已有的整体图形分离为可进行编辑的矢量图形，使用户可以对其再进行编辑。在制作变形动画时，需用分离对象命令将图形的组合、图像、文字或组件转变成图形。

执行"修改"|"分离"命令，或按Ctrl+B组合键，即可分离选择的对象。如图1-105、图1-106所示为元件分离前后的效果。

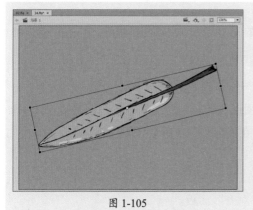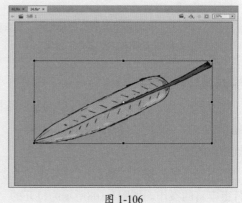

图 1-105　　　　　　　　　　　　　　　图 1-106

1.6.8　排列和对齐对象

排列和对齐对象可以整齐有序地排列舞台中杂乱的图形对象，使画面整体更美观。本小节将针对如何排列和对齐对象进行介绍。

1. 排列对象

用户可以通过"排列"命令调整对象顺序，从而改变画面效果。

在同一图层中，对象会按照创建的先后顺序分别位于不同的层次，最新创建的对象位于最上面，用户可以根据需要更改对象的层叠顺序。选中需要更改层叠顺序的对象，执行"修改"|"排列"命令，在弹出的菜单中选择需要的子命令，如图1-107所示，即可调整所选图形的排列顺序。

图 1-107

用户也可以选中要调整层叠顺序的对象，右击鼠标，在弹出的快捷菜单中选择"排列"命令，在弹出的子菜单中选择合适的命令调整选中对象的排列顺序。

值得注意的是，画出来的线条和形状总是在组和元件的下面。若需要将它们移动到上面，就必须组合它们或者将它们变成元件。

知识链接　图层也会影响层叠顺序，上层的任何内容都在底层的任何内容之前。用户可以通过调整图层顺序，改变显示效果。

2. 对齐与分布对象

"对齐"与"分布"命令可以调整所选图形的相对位置关系，使画面整洁。选中要对齐的对象，执行"修改"|"对齐"命令，在弹出的菜单中选择相应的子命令，即可完成相应的操作。

用户还可以执行"窗口"|"对齐"命令或按Ctrl+K组合键，打开"对齐"面板，进行更丰富的操作。如图1-108所示为打开的"对齐"面板。

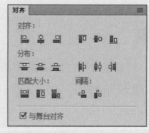

图 1-108

"对齐"面板中分为对齐、分布、匹配大小、间隔和与舞台对齐5个功能区。这5个功能区的作用分别如下。

（1）对齐。

对齐是指按照某种方式来排列对齐对象。在该功能区中，包括"左对齐" 🖿 、"水平中齐" 🖧 、"右对齐" 🖴 、"顶对齐" 🖙 、"垂直中齐" 🖙 以及"底对齐" 🖪6个按钮。选取图形后，单击面板中对应的按钮，即可相应地调整图形位置。

（2）分布。

分布是指将舞台上间距不一的图形，均匀地分布在舞台中。在默认状态下，均匀分布图形将以所选图形的两端为基准，对其中的图形进行位置调整。

在该功能区中，包括"顶部分布" 🖳 、"垂直居中分布" 🖴 、"底部分布" 🖳 、"左侧分布" 🖳 、"水平居中分布" 🖬以及"右侧分布" 🖬6个按钮。

（3）匹配大小。

"匹配大小"功能区中包括"匹配宽度" 🖳 、"匹配高度" 🖼 、"匹配宽和高" 🖳3个按钮。分别选择这3个按钮，可将选择的对象分别进行水平缩放、垂直缩放、等比例缩放，其中最左侧的对象是其他所选对象匹配的基准。

（4）间隔。

间隔与分布相似，区别在于分布的间距标准是多个对象的同一侧，而间距则是相邻两对象的间距。该功能区中包括"垂直平均间隔" 🖴 和"水平平均间隔" 🖬两种，可使选择的对象在垂直方向或水平方向的间隔距离相等。

（5）与舞台对齐。

勾选该复选框后，可使对齐、分布、匹配大小、间隔等操作以舞台为基准。

1.7 修饰图形对象

对于绘制完成的图形，用户还可以通过改变其形状、线条等对其进行修饰，从而达到较好的画面效果。下面将对修饰图形对象进行介绍。

1.7.1 优化曲线

优化曲线可以减少曲线数量使曲线平滑，还可以减少文件存储空间。

选中要优化的对象，执行"修改"|"形状"|"优化"命令，或按Ctrl+Shift+Alt+C组合键，打开"优化曲线"对话框，如图1-109所示。在该对话框中设置参数并单击"确定"按钮，在弹出的提示对话框中单击"确定"按钮，如图1-110所示，即可优化曲线。

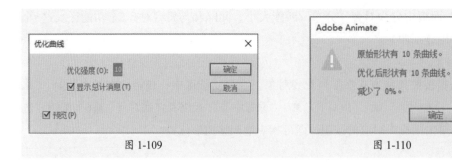

图 1-109　　　　　　　　　　　　　　图 1-110

在"优化曲线"对话框中，各参数的作用如下。

- **优化强度：** 在数值框中输入数值设置优化强度。
- **显示总计消息：** 勾选该复选框，在完成优化操作时，将弹出提示对话框。

1.7.2　将线条转换为填充

用户可以将Animate中的线条转换为填充色块，以便更好地调整效果。但将线条转换为填充后文件会变大。选中线条对象，执行"修改"｜"形状"｜"将线条转换为填充"命令，即可将外边线转换为填充色块。

1.7.3　扩展填充

扩展填充可以向外扩展或向内收缩对象，从而改变所选图形的外形。

执行"修改"｜"形状"｜"扩展填充"命令，打开"扩展填充"对话框，如图1-111所示。

图 1-111

该对话框中各选项的作用如下。

- **距离：** 用于设置扩展或收缩的距离。
- **扩展：** 选中该单选按钮，将以图形的轮廓为界，向外扩展，放大填充。
- **插入：** 选中该单选按钮，将以图形的轮廓为界，向内收紧，缩小填充。

1.7.4　柔化填充边缘

柔化填充边缘也可以放大或缩小对象的轮廓填充效果，并在填充边缘产生多个逐渐透明的图形层，形成边缘柔化的效果。

　　执行"修改"|"形状"|"柔化填充边缘"命令，在弹出的"柔化填充边缘"对话框中即可设置边缘柔化效果，如图1-112所示。

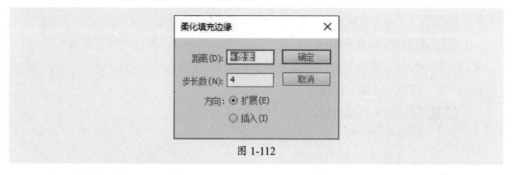

图 1-112

该对话框中各选项的作用如下。

- **距离：** 边缘柔化的范围，值越大，则柔化越宽，以像素为单位。
- **步长数：** 柔化边缘生成的渐变层数。步长数越多，效果就越平滑。
- **方向：** 选择边缘柔化的方向，选中"扩展"单选按钮，则向外扩大柔化边缘；选中"插入"单选按钮，则向内缩小柔化边缘。

自己练 / 设计IP形象

案例路径 云盘\实例文件\第1章\自己练\设计IP形象

项目背景 四大名著是中国文学史上非常经典的作品，在国内具有极高的知名度，各种IP衍生也层出不穷。现受奇异三国动画制作组委托，为其设计一款诸葛亮IP形象，以便更好地宣传推广。

项目要求 ①IP形象贴近诸葛亮。

②生动形象，并进行艺术美化。

③符合三国时代特色。

项目分析 诸葛亮是《三国演义》中非常著名的一个人物，是中国传统文化中忠臣智者的集合体，他的主要形象特点是纶巾和孔明帽，通过这两种元素显示身份，并进行卡通化处理，颜色以蓝色、白色为主，体现文人风格。效果如图1-113所示。

图 1-113

课时安排 1课时。

第 2 章

制作逐帧动画
——帧与图层详解

本章概述

　　时间轴是Animate软件中非常重要的部分，在"时间轴"面板中，用户可以对图层和帧进行设置，从而制作出动画的效果。本章将针对时间轴、图层和帧的相关知识及编辑方法进行介绍。

要点难点

- 时间轴和帧　★☆☆
- 帧的操作　★★☆
- 图层的管理　★★☆
- 逐帧动画　★★★

跟我学 制作人物散步动画 /////////////////////////

学习目标 本实例将练习制作人物散步动画。这里使用第1章绘制的人物，添加关键帧来制作人物走动的不同形态，以制作出人物行走动画。通过本实例，了解时间轴、图层和帧的相关知识，掌握图层和帧的编辑操作。

案例路径 云盘\实例文件\第2章\跟我学\制作人物散步动画

步骤01 新建一个尺寸为550*400的空白文档，打开第1章绘制的人物，按Ctrl+C组合键复制，按Ctrl+V组合键粘贴至新建文档中，调整一下人物大小，效果如图2-1所示。

步骤02 选择绘制的人物，按F8键打开"转换为元件"对话框，在该对话框中设置参数，如图2-2所示。完成后单击"确定"按钮，将人物转换为图形元件。

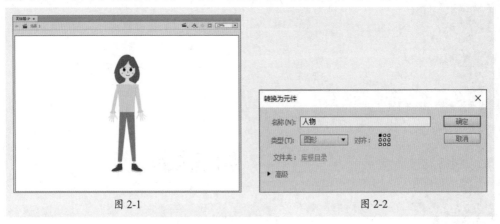

图 2-1　　　　　　　　　　　　　图 2-2

步骤03 双击进入元件编辑模式，使用鼠标拖曳，将人物的腿和胳膊调整为人物走路的姿势，如图2-3所示。

步骤04 单击图层编辑区中的"新建图层"按钮，在图层_1上新建图层_2，如图2-4所示。

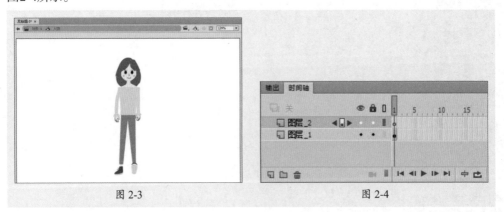

图 2-3　　　　　　　　　　　　　图 2-4

步骤 05 使用"线条工具" ✒️在舞台中绘制水平线，定位人物高度，如图2-5所示。在图层_2的第24帧处，按F5键插入普通帧。

步骤 06 选中图层_1的第3帧，按F6键插入关键帧。调整人物的走路姿势，如图2-6所示。

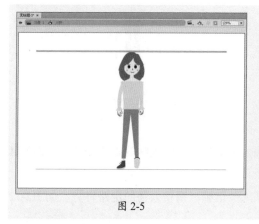 

图 2-5   图 2-6

步骤 07 选中图层_1的第5帧，按F6键插入关键帧。调整人物的走路姿势，如图2-7所示。

步骤 08 选中图层_1的第7帧，按F6键插入关键帧。调整人物的走路姿势，如图2-8所示。

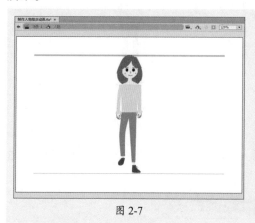 

图 2-7   图 2-8

步骤 09 选中图层_1的第9帧，按F6键插入关键帧。调整人物的走路姿势，如图2-9所示。

步骤 10 选中图层_1的第11帧，按F6键插入关键帧。调整人物的走路姿势，如图2-10所示。

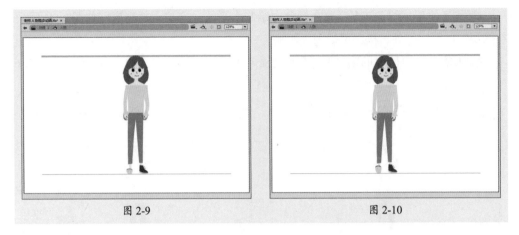

图 2-9   图 2-10

步骤11 选中图层_1的第13帧，按F6键插入关键帧。调整人物的走路姿势，如图2-11所示。

步骤12 选中图层_1的第15帧，按F6键插入关键帧。调整人物的走路姿势，如图2-12所示。

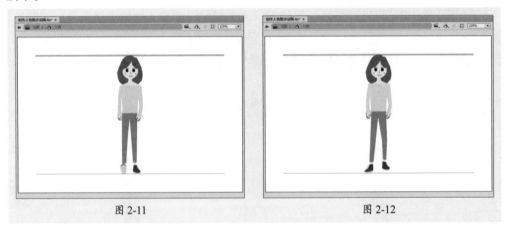

图 2-11   图 2-12

步骤13 选中图层_1的第17帧，按F6键插入关键帧。调整人物的走路姿势，如图2-13所示。

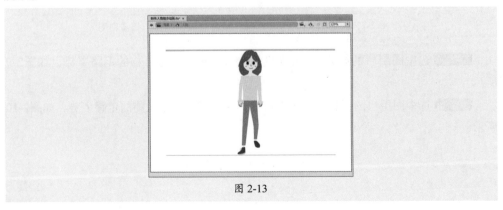

图 2-13

步骤14 选中图层_1的第19帧，按F6键插入关键帧。调整人物的走路姿势，如图2-14 所示。

步骤15 选中图层_1的第21帧，按F6键插入关键帧。调整人物的走路姿势，如图2-15 所示。

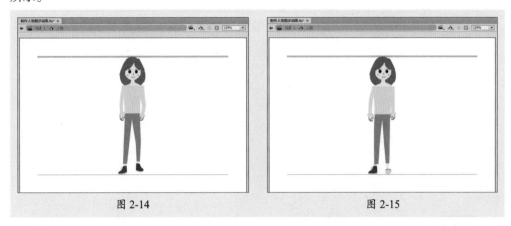

图 2-14   图 2-15

步骤16 选中图层_1的第23帧，按F6键插入关键帧。调整人物的走路姿势，如图2-16 所示。选中第24帧，按F5键插入普通帧。

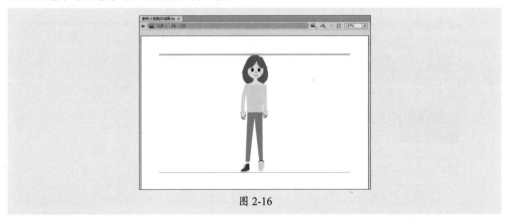

图 2-16

步骤17 选中图层_2，单击图层编辑区中的"删除"按钮 🗑 ，将其删除，如图2-17 所示。

步骤18 切换至场景1，在图层_1下方新建图层_2，在两个图层的第150帧按F5键插入帧，如图2-18所示。

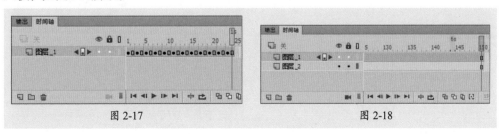

图 2-17   图 2-18

步骤19 单击图层_1名称右侧的隐藏栏隐藏图层，如图2-19所示。

步骤20 选择图层_2，使用"矩形工具"▭绘制一个与舞台等大的矩形作为地面，并使用"选择工具"▸进行调整，如图2-20所示。

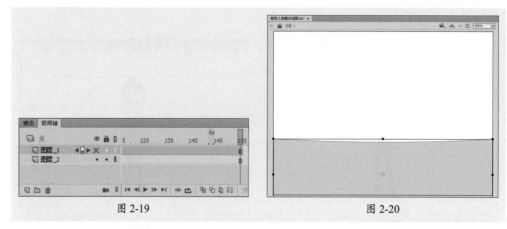

图 2-19　　　　　　　　　　　　　　　　图 2-20

步骤21 执行"窗口"｜"颜色"命令，打开"颜色"面板，设置填充色为由#9EB6C9到#DEE7EF再到#E7E7EF的线性渐变，如图2-21所示。

步骤22 使用相同的方法，制作天空效果，如图2-22所示。

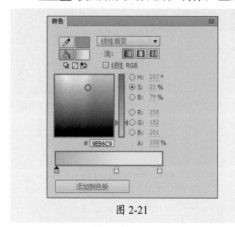
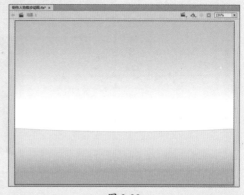

图 2-21　　　　　　　　　　　　　　　　图 2-22

步骤23 使用"铅笔工具"✏绘制云朵，并填充颜色，如图2-23所示。

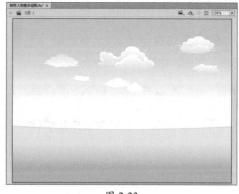

图 2-23

步骤 24 使用相同的方法，绘制建筑剪影，如图2-24所示。

步骤 25 选择舞台中绘制的场景，按F8键将其转换为图形元件，如图2-25所示。

图 2-24　　　　　　　　　　　　　　图 2-25

步骤 26 使用"钢笔工具" 在舞台中合适的位置绘制路牙石，设置其颜色，如图2-26所示。按F8键将其转换为图形元件，名称为"路牙石"。

步骤 27 选中绘制的路牙石，按住Alt键拖曳复制，右击鼠标，在弹出的快捷菜单中选择"变形"|"水平翻转"命令，将其翻转，效果如图2-27所示。

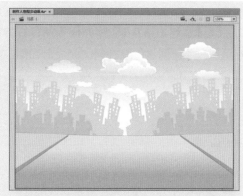

图 2-26　　　　　　　　　　　　　　图 2-27

步骤 28 使用钢笔工具在舞台中绘制路灯，并将其转换为"路灯"图形元件，如图2-28所示。

图 2-28

步骤29 选择绘制的路灯，按住Alt键拖曳复制，并调整至合适的大小与位置，重复3次，效果如图2-29所示。

步骤30 选择所有路灯，按F8键将其转换为"路灯组"图形元件。双击路灯进入元件编辑模式，选择所有路灯，右击鼠标，在弹出的快捷菜单中选择"分散到图层"命令，将路灯分散至图层，如图2-30所示。

图 2-29　　　　　　　　　　　　　图 2-30

步骤31 选中4个图层的第150帧，按F6键插入关键帧，分别调整路灯位置，如图2-31所示。

步骤32 选中第1~150帧的任意帧，右击鼠标，在弹出的快捷菜单中选择"创建传统补间"命令，创建传统补间，完成后如图2-32所示。

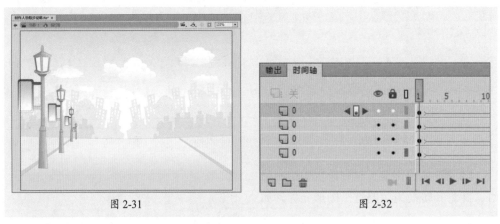

图 2-31　　　　　　　　　　　　　图 2-32

步骤33 返回场景1，复制路灯组并将其翻转，调整位置，如图2-33所示。

步骤34 选择图层_2中的所有对象，按F8键将其转换为"背景2"图形元件，双击进入元件编辑模式，选择所有对象，右击鼠标，在弹出的快捷菜单中选择"分散到图层"命令，将对象分散至图层，如图2-34所示。

图 2-33

图 2-34

步骤 35 选择"背景"图层和"路牙石"图层，在第150帧按F6键插入关键帧，在其他图层的第150帧按F5键插入帧，如图2-35所示。

步骤 36 选择"背景"图层第1帧和"路牙石"图层第1帧，调整舞台中对象的大小，在第1~150帧创建传统补间，如图2-36所示。

图 2-35

图 2-36

步骤 37 返回场景1，再次单击图层_1名称右侧的隐藏栏显示图层，如图2-37所示。

步骤 38 至此，完成人物散步动画的制作，按Ctrl+Enter组合键测试，效果如图2-38所示。

图 2-37

图 2-38

2.1 时间轴和帧

时间轴和帧决定帧对象的播放顺序，是Animate文档中非常重要的内容。下面将针对这两部分内容进行介绍。

2.1.1 时间轴概述

时间轴可以组织和控制一定时间内的图层和帧中的文档内容，是创建Animate动画的核心部分。用户可以在时间轴中设置图层和帧中的图像、文字等对象随着时间的变化而变化，从而形成动画。

启动Animate软件后，若工作界面中找不到"时间轴"面板，可以执行"窗口"|"时间轴"命令，或按Ctrl＋Alt＋T组合键打开"时间轴"面板，如图2-39所示。再次执行该命令可以关闭"时间轴"面板。

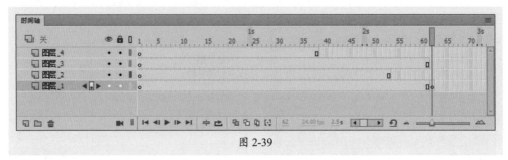

图 2-39

时间轴由图层、播放头、帧等元素组成，各组成部分的含义如下。

- **图层：**在不同的图层中放置相应的对象，制作层次丰富、变化多样的动画效果。
- **播放头：**用于指示当前在舞台中显示的帧。
- **帧：**是创建Animate动画的基本单位，代表不同的时刻。
- **帧频率：**用于指示当前动画每秒钟播放的帧数。
- **运行时间：**用于指示播放到当前位置所需的时间。

2.1.2 帧概述

影像动画中最小的单位是帧。在Animate文档中，一帧就是一幅静止的画面，连续的帧播放则形成动画。1秒钟的时间里传输的图片的数量就是帧数，一般用fps（frames per second）表示。每秒钟帧数越高，动画越流畅逼真。

1. 帧的类型 ──○

Animate文档中的帧分为普通帧、关键帧和空白关键帧3种。其作用分别如下。

- **关键帧：** 关键帧是指在动画播放过程中，呈现关键性动作或内容变化的帧。关键帧定义了动画的变化环节。在时间轴中，关键帧以一个实心的小黑点来表示。
- **普通帧：** 普通帧一般处于关键帧后方，其作用是延长关键帧中动画的播放时间，一个关键帧后的普通帧越多，该关键帧的播放时间就越长。普通帧以灰色方格来表示。
- **空白关键帧：** 这类关键帧在时间轴中以一个空心圆表示，该关键帧中没有任何内容。若在其中添加内容，则转变为关键帧。

2. 设置帧的显示状态

单击"时间轴"面板右上角的"菜单"按钮☰，在弹出的下拉菜单中选择相应的命令，即可改变帧的显示状态。弹出的下拉菜单如图2-40所示。

图 2-40

该菜单中常用选项的作用如下。

- **很小、小、一般、中、大：** 用于设置帧单元格的大小。
- **预览：** 以缩略图的形式显示每帧的状态。
- **关联预览：** 显示对象在各帧中的位置，有利于观察对象在整个动画过程中的位置变化。
- **较短：** 缩小帧单元格的高度。

3. 设置帧速率

帧速率就是单位时间内播放的帧数。Animate文档默认的帧速率是24帧/秒。帧速率太低会使动画卡顿，帧速率太高会使动画的细节变得模糊。

通过以下3种方式可以设置帧速率。

- 在时间轴底部的"帧频率"标签上单击，在文本框中直接输入。

● 在"文档设置"对话框的"帧频"文本框中进行设置，如图2-41所示。
● 在"属性"面板的FPS文本框中输入，如图2-42所示。

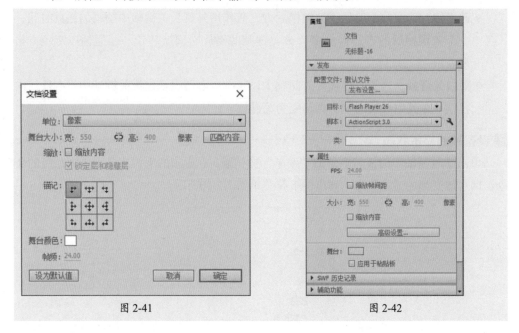

图 2-41   图 2-42

2.2　帧

本小节将针对帧的基本操作进行介绍，如选择帧、插入帧、复制帧、移动帧、翻转帧、转换帧、删除和清除帧等。通过掌握帧的基本操作，可以帮助用户更好地制作动画。

2.2.1　选择帧

选中帧之后，才可以对其进行编辑。根据选择范围的不同，有以下4种选择帧的情况。

● 若要选中单个帧，在时间轴上单击帧所在的位置即可，如图2-43所示。

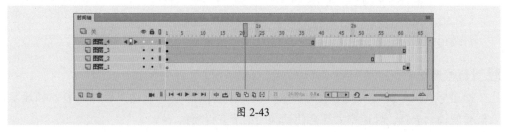

图 2-43

● 若要选择连续的多个帧，可以直接按住鼠标左键拖动，或先选择第一帧，然后按住Shift键单击最后一帧即可，如图2-44所示。

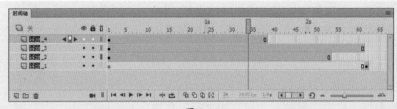

图 2-44

● 若要选择不连续的多个帧，按住Ctrl键，依次单击要选择的帧即可，如图2-45所示。

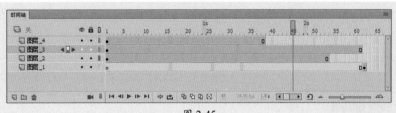

图 2-45

● 若要选择所有的帧，只需选择某一帧后右击鼠标，在弹出的快捷菜单中选择"选择所有帧"命令即可，如图2-46所示。

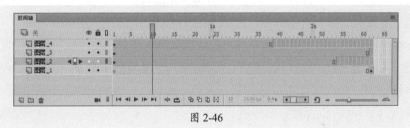

图 2-46

2.2.2 插入帧

制作动画时，用户可以根据需要任意插入普通帧、关键帧或空白关键帧。下面将针对这3种类型帧的插入方式进行介绍。

1. 插入普通帧

插入普通帧的方式包括以下3种。
● 在需要插入帧的位置右击鼠标，在弹出的快捷菜单中选择"插入帧"命令。
● 在需要插入帧的位置单击鼠标，执行"插入"|"时间轴"|"帧"命令。
● 在需要插入帧的位置单击鼠标，按F5键。

2. 插入关键帧

插入关键帧的方式包括以下3种。
● 在需要插入关键帧的位置右击鼠标，在弹出的快捷菜单中选择"插入关键帧"命令。

- 在需要插入关键帧的位置单击鼠标，执行"插入"|"时间轴"|"关键帧"命令。
- 在需要插入关键帧的位置单击鼠标，按F6键。

3. 插入空白关键帧

插入空白关键帧的方式包括以下4种。

- 在需要插入空白关键帧的位置右击鼠标，在弹出的快捷菜单中选择"插入空白关键帧"命令。
- 若前一个关键帧中有内容，在需要插入空白关键帧的位置单击鼠标，执行"插入"|"时间轴"|"空白关键帧"命令。
- 若前一个关键帧中没有内容，直接插入关键帧即可得到空白关键帧。
- 按F7键插入。

2.2.3 复制帧

制作动画时，若需要用到一些相同的帧，可以通过复制、粘贴帧来实现。常用的复制、粘贴帧的方式有以下3种。

- 选中要复制的帧，按住Alt键拖曳至目标位置即可。
- 选中要复制的帧，右击鼠标，在弹出的快捷菜单中选择"复制帧"命令，移动鼠标至目标位置，右击鼠标，在弹出的快捷菜单中选择"粘贴帧"命令即可。
- 选中要复制的帧，执行"编辑"|"时间轴"|"复制帧"命令，或按Ctrl+Alt+C组合键复制，移动鼠标至目标位置，执行"编辑"|"时间轴"|"粘贴帧"命令，或按Ctrl+Alt+V组合键粘贴即可。

2.2.4 移动帧

制作动画时，可以选中帧，按住鼠标左键将其拖曳至目标位置，即可重新调整时间轴上帧的顺序，如图2-47、图2-48所示。

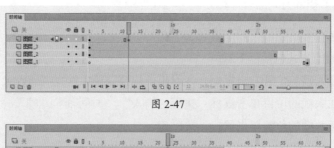

图 2-47

图 2-48

2.2.5　翻转帧

执行"翻转帧"命令可以颠倒选中的帧的播放序列，即最后一个关键帧成为第一个关键帧，第一个关键帧成为最后一个关键帧。

选中时间轴中某一图层上的所有帧（该图层上至少包含两个关键帧，且位于帧序的开始和结束位置）或多个帧，使用以下两种方法皆可完成翻转帧的操作。

● 执行"修改"｜"时间轴"｜"翻转帧"命令。
● 在选中的帧上右击鼠标，在弹出的快捷菜单中选择"翻转帧"命令。

2.2.6　转换帧

用户可以将时间轴中的帧转换为关键帧或空白关键帧。下面将针对转换帧的方法进行介绍。

1. 转换为关键帧

选中要转换为关键帧的帧，右击鼠标，在弹出的快捷菜单中选择"转换为关键帧"命令即可。

2. 转换为空白关键帧

选中需要转换为空白关键帧的帧，右击鼠标，在弹出的快捷菜单中选择"转换为空白关键帧"命令即可。

> **知识链接**　选中关键帧或空白关键帧，右击鼠标，在弹出的快捷菜单中选择"清除关键帧"命令，即可将选中的关键帧或空白关键帧转换为普通帧。

2.2.7　删除和清除帧

执行Animate文档中的"删除帧"命令可以将帧删除，执行"清除帧"命令可以清除帧中的内容，将选中的帧转换为空白帧。在制作动画时，用户可以根据需要选择合适的方式处理文档中多余的帧或错误的帧。

1. 删除帧

选中要删除的帧，右击鼠标，在弹出的快捷菜单中选择"删除帧"命令或按Shift+F5组合键即可将帧删除。

2. 清除帧

选中要清除的帧，右击鼠标，在弹出的快捷菜单中选择"清除帧"命令即可。

2.3　图层

图层就像一张张透明的纸叠放在一起，用户可以在每个图层中创建不同的内容。若上面一层的某个区域没有内容，透过这个区域可以看到下面一层相同位置的内容。本小节将针对图层的相关知识进行介绍。

2.3.1　创建图层

在默认情况下，新建文档后，有且只有"图层1"，用户可以新建图层，增加图层数量。

单击图层编辑区中的"新建图层"按钮，即可添加新的图层。也可以执行"插入"|"时间轴"|"图层"命令创建新图层。一般来说，新创建的图层将按照图层_4、图层_3、图层_2、图层_1的顺序命名，如图2-49所示。

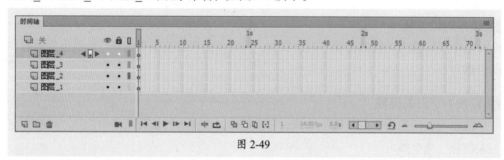

图 2-49

💬 **技巧点拨**

在图层编辑区中选择已有的图层，右击鼠标，在弹出的快捷菜单中选择"插入图层"命令也可以创建图层，该方法创建的图层位于选中图层的上方。

2.3.2　选择图层

选择图层后，才可以对图层进行编辑。用户可以根据需要选择图层。

1. 选择单个图层 ────────────

选择单个图层有以下3种方法。

● 在时间轴的图层查看区中单击图层，即可将其选择。
● 在时间轴的帧查看区的帧上单击，即可选择该帧所对应的图层。
● 在舞台上单击要选择图层中所含的对象，即可选择该图层。

2. 选择多个图层 ────────────

若想选择多个相邻的图层，可以在按住Shift键的同时选择图层，如图2-50所示；若想选择多个不相邻的图层，可以在按住Ctrl键的同时选择图层，如图2-51所示。

图 2-50

图 2-51

2.3.3　重命名图层

制作动画时，用户可以重命名图层，以便更好地识别图层信息。

选中图层，在其名称上双击鼠标左键，进入编辑状态，如图2-52所示。在文本框中输入新名称，按Enter键或在空白处单击确认即可，如图2-53所示。

图 2-52

图 2-53

2.3.4　删除图层

常见的删除图层的方式有以下3种。

● 选中要删除的图层，右击鼠标，在弹出的快捷菜单中选择"删除图层"命令。

● 选中要删除的图层，单击图层编辑区中的"删除"按钮 ⬚。

● 选择要删除的图层，按住鼠标左键不放，将其拖动到"删除"按钮 ⬚ 上。

2.3.5　管理图层

除了针对图层的一些基本操作外，在Animate文档中，用户还可以设置图层属性、调整图层顺序、设置图层状态等。下面将对此进行介绍。

1. 设置图层属性

Animate文档中的各个图层都拥有自己的时间轴和帧，是相互独立的。用户可以在一个图层上设置内容，而不会影响其他图层。

在图层查看区中要设置属性的图层上右击鼠标，在弹出的快捷菜单中选择"属性"命令，打开"图层属性"对话框，如图2-54所示。在该对话框中可以对图层的相关属性进行设置。

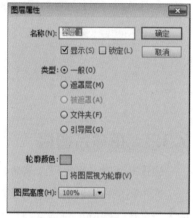

"图层属性"对话框中各选项的作用如下。

- **名称：**用于设置图层的名称。
- **显示：**用于设置图层是否可见。若勾选该复选框，则显示图层；若取消勾选该复选框，则隐藏图层。
- **锁定：**若勾选该复选框，则锁定图层；若取消勾选该复选框，则可以解锁图层。

图 2-54

- **类型：**用于设置图层类型，包括"一般""遮罩层""被遮罩""文件夹"和"引导层"5种类型。默认为"一般"。若选中"一般"单选按钮，则默认为普通图层；若选中"遮罩层"单选按钮，则会将该图层创建为遮罩图层；若选中"被遮罩"单选按钮，则该图层与上面的遮罩层建立链接关系，成为被遮罩层，该选项只有在选择遮罩层下面的一层时才可用；若选中"文件夹"单选按钮，则会将图层转化为图层文件夹；若选中"引导层"单选按钮，则会将当前图层设为引导层。
- **轮廓颜色：**用于设置图层的轮廓颜色。
- **将图层视为轮廓：**勾选该复选框，图层中的对象将以线框模式显示。
- **图层高度：**用于设置图层的高度。

2. 调整图层顺序

因上方的图层内容会遮挡下方的图层内容，根据需要，用户可以对图层顺序进行调整。

选择需要移动的图层，按住鼠标左键并拖动，图层以一条粗横线表示，如图2-55所示，拖动图层到相应的位置后释放鼠标，即可将图层拖动到新的位置，如图2-56所示。

图 2-55

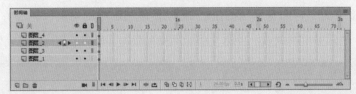

图 2-56

3. 显示与隐藏图层

制作动画时，为了避免舞台中对象过多，造成干扰，用户可以将暂时不需要的图层隐藏起来。隐藏状态下的图层不可见，也不能被编辑，完成编辑后可以再将隐藏图层显示出来。

单击图层名称右侧的隐藏栏即可隐藏图层，隐藏图层上将标记一个 ╳ 符号，再次单击隐藏栏则显示图层，如图2-57所示。

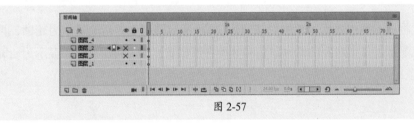

图 2-57

单击"显示或隐藏所有图层"按钮 ◉，可以将所有的图层隐藏，再次单击则显示所有图层。

4. 锁定图层

为了避免不小心修改已经编辑好的图层内容，可以将该图层锁定。锁定后的图层不能再对其进行编辑，但可在舞台中显示。

选定要锁定的图层，单击图层名称右侧的锁定栏即可锁定图层，锁定的图层上将标记一个 🔒 符号，再次单击该图层中的 🔒 图标即可解锁，如图2-58所示。

图 2-58

单击"锁定或解除所有锁定图层"按钮 🔒 ，可对所有图层进行锁定与解锁的操作。

5. 显示图层的轮廓 ────────────────────────────────

当某个图层中的对象被另外一个图层中的对象遮盖时，为了便于编辑当前图层，可以使遮盖层处于轮廓显示状态。图层处于轮廓显示状态时，舞台中的对象只显示其外轮廓。

单击图层中的"轮廓显示"按钮 ▮ ，可以使该图层中的对象以轮廓方式显示，如图2-59所示。再次单击该按钮，可恢复图层中对象的正常显示，如图2-60所示。

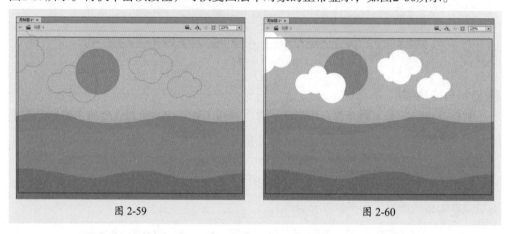

| 图 2-59 | 图 2-60 |

单击"将所有图层显示为轮廓"按钮 ▯ ，可将所有图层上的对象显示为轮廓，再次单击可恢复显示。每个对象的轮廓颜色和其所在图层右侧的"将所有对象显示为轮廓"图标 ▮ 的颜色相同。

2.4 逐帧动画 ///

逐帧动画的原理是通过在时间轴的每帧上逐帧绘制不同的内容，当快速播放时就形成了动画。逐帧动画制作时工作量大，需要对每一帧内容进行绘制，但制作出来的动画效果非常灵活逼真，适合表现细腻的动画。

2.4.1 逐帧动画的特点

逐帧动画每一帧的舞台内容都会改变，适合制作图像在每一帧中都在变化且相邻关键帧中对象变化不大的复杂动画。在逐帧动画中，Animate 会存储每个完整帧的值。

逐帧动画具有以下5个特点。

- 逐帧动画会占用较大的内存，因此文件很大。
- 逐帧动画由许多单个的关键帧组合而成，每个关键帧均可独立编辑，且相邻关键帧中的对象变化不大。

- 逐帧动画具有非常大的灵活性，几乎可以表达任何形式的动画。
- 逐帧动画分解的帧越多，动作就会越流畅；适合于制作特别复杂及细节丰富的动画。
- 逐帧动画中的每一帧都是关键帧，每个帧的内容都要进行手动编辑，工作量很大，这也是传统动画的制作方式。

知识链接　　用户可以通过导入JPEG、PNG、GIF等格式的图像创建逐帧动画。导入GIF格式的位图与导入同一序列的JPEG格式的位图类似，只需将GIF格式的图像直接导入舞台，即可在舞台中生成动画。

2.4.2　逐帧动画的制作

用户可以在Animate软件中制作逐帧动画每一帧的内容，从而制作出逐帧动画。绘制逐帧动画的方式主要有以下3种。

（1）绘制矢量逐帧动画。

使用绘图工具在场景中一帧帧地画出帧内容。

（2）文字逐帧动画。

使用文字作为帧中的元件，实现文字跳跃、旋转、书写等特效，如图2-61、图2-62所示。

图 2-61

图 2-62

（3）指令逐帧动画。

在"时间轴"面板上，逐帧写入动作脚本语句来完成元件的变化。

自己练／制作文字波动效果

案例路径 云盘＼实例文件＼第2章＼自己练＼制作文字波动效果

项目背景 文字动画是动画作品中常见的一种，如手写文字效果、动画趣味开头等，合理使用文字动画可以制作出更丰富的视觉效果。现受某公司委托，为其设计一段跳动文字动画。要求整体动画效果自然灵动，具有趣味。

项目要求 ①色彩对比强烈。

②以"ANIMATE"文字为例制作。

③动画效果自然，不生硬。

项目分析 逐帧动画可以很好地表现变化细腻的动画。使用逐帧动画制作文字跳动效果，可以使跳动变化更加自然，营造出波纹的感觉。背景颜色选择粉红色，字母选择粉蓝色，对比既强烈又融合。效果如图2-63、图2-64所示。

图 2-63   图 2-64

课时安排 1课时。

第 **3** 章

制作书写特效
——文本应用详解

本章概述

　　文本是动画作品中非常重要的元素，通过文本，可以指引动画走向，渲染氛围，体现动画主题。本章将针对Animate软件中文本的相关知识进行介绍。通过本章的学习，读者可以熟悉文本样式的设置方法，掌握文字滤镜效果的设置技巧等。

要点难点

- 文本类型 ★☆☆
- 文本样式的设置 ★★☆
- 文本的编辑 ★★☆
- 滤镜效果 ★★★

跟我学 制作手写字效果 ////////////////////////////

学习目标 本实例将练习制作手写文字效果，使用文字工具输入文字，并编辑打散文字，以便于后期操作，结合遮罩动画的使用，制作出手写效果。通过本实例，可以了解文字的创建、文本属性的设置等知识，还可以掌握分离文本这一操作。

案例路径 云盘 \ 实例文件 \ 第3章 \ 跟我学 \ 制作手写字效果

步骤 01 新建一个尺寸为600*400的空白文档，按Ctrl+R组合键，打开"导入"对话框，选择要导入的素材文件，如图3-1所示。

步骤 02 完成后单击"打开"按钮，导入本章素材文件，调整至合适大小和位置，如图3-2所示。

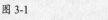

图 3-1

图 3-2

步骤 03 双击图层1名称，修改其名称为"背景"，锁定"背景"图层。在"背景"图层上新建"文字"图层和"遮罩层"图层，如图3-3所示。

步骤 04 选择"文字"图层，使用"文本工具" T 在舞台中合适位置单击并输入文字，如图3-4所示。

图 3-3

图 3-4

步骤 **05** 选中输入的文字，在"属性"面板中设置字体为"站酷快乐体2016修订版"，字号为120pt，颜色为#304228，效果如图3-5所示。

步骤 **06** 选择文字，按Ctrl+B组合键将其打散，重复一次，将文本分离为填充图形，如图3-6所示。选择"背景"图层和"文字"图层第240帧，按F5键插入帧。

图 3-5

图 3-6

步骤 **07** 选择"遮罩层"图层，使用"画笔工具（B）"在画板中沿文字笔画绘制图形，如图3-7所示。

步骤 **08** 在"遮罩层"图层的第3帧按F6键插入关键帧，使用"画笔工具（B）"在画板中沿文字笔画绘制图形，如图3-8所示。

图 3-7

图 3-8

步骤 **09** 在"遮罩层"图层的第5帧按F6键插入关键帧，使用"画笔工具（B）"在画板中沿文字笔画绘制图形，如图3-9所示。

图 3-9

步骤 **10** 在"遮罩层"图层的第7帧按F6键插入关键帧，使用"画笔工具（B）" ✐ 在画板中沿文字笔画绘制图形，如图3-10所示。

步骤 **11** 在"遮罩层"图层的第9帧按F6键插入关键帧，使用"画笔工具（B）" ✐ 在画板中沿文字笔画绘制图形，如图3-11所示。

图 3-10

图 3-11

步骤 **12** 在"遮罩层"图层的第11帧按F6键插入关键帧，使用"画笔工具（B）" ✐ 在画板中沿文字笔画绘制图形，如图3-12所示。

步骤 **13** 在"遮罩层"图层的第13帧按F6键插入关键帧，使用"画笔工具（B）" ✐ 在画板中沿文字笔画绘制图形，如图3-13所示。

图 3-12

图 3-13

步骤 **14** 在"遮罩层"图层的第15帧按F6键插入关键帧，使用"画笔工具（B）" ✐ 在画板中沿文字笔画绘制图形，如图3-14所示。

步骤 **15** 在"遮罩层"图层的第17帧按F6键插入关键帧，使用"画笔工具（B）" ✐ 在画板中沿文字笔画绘制图形，如图3-15所示。

图 3-14

步骤 16 使用相同的方法，绘制字母A的其他部分，如图3-16所示。

图 3-15　　　　　　　　　　　　　　　　图 3-16

步骤 17 使用相同的方法，制作其他字母笔画，完成后效果如图3-17所示。在"遮罩层"图层第240帧按F5键插入帧。

步骤 18 选择"遮罩层"图层，右击鼠标，在弹出的快捷菜单中选择"遮罩层"命令，将该图层转换为遮罩层。此时，将默认锁定遮罩层及其以下的图层，如图3-18所示。

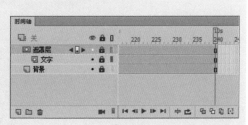

图 3-17　　　　　　　　　　　　　　　　图 3-18

步骤 19 按Ctrl+Enter组合键测试动画效果，如图3-19、图3-20所示。

图 3-19　　　　　　　　　　　　　　　　图 3-20

至此，完成手写字效果的制作。

听 我 讲 ▶ Listen to me

3.1 文本类型

Animate软件中可创建的文本格式分为静态文本、动态文本、输入文本3种。用户可以选择工具箱中的"文本工具" T，或按T键启用文本工具，创建文本。

3.1.1 静态文本

静态文本是大量信息的传播载体，也是文本工具的最基本功能，不可以在动画运行期间编辑修改，主要用于文字的输入与编排，起到解释说明的作用。其"属性"面板如图3-21所示。

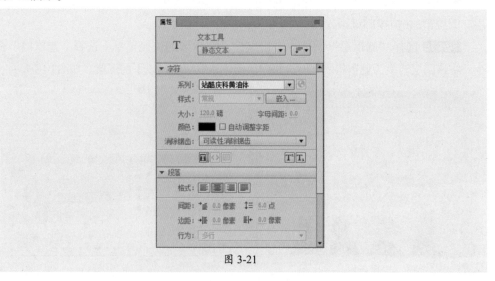

图 3-21

用户可以通过文本标签和文本框两种方式创建文本，这两种方式最大的区别在于是否有自动换行功能。

1. 文本标签

选择"文本工具" T后，在舞台上单击鼠标，会看到一个右上角有小圆圈的文字输入框，即文本标签。不管在文本标签中输入多少文字，文本标签都会自动扩展，而不会自动换行，如图3-22所示。如需要换行，按Enter键即可。

2. 文本框

选择"文本工具" T后，在舞台区域中单击鼠标左键并拖曳绘制出一个虚线文本框，调整文本框的宽度，释放鼠标后将得到一个文本框，此时可以看到文本框的右上角出现了一个小方框。这说明文本框已经限定了宽度，当输入的文字超过限制宽度时，Animate将自动换行，如图3-23所示。

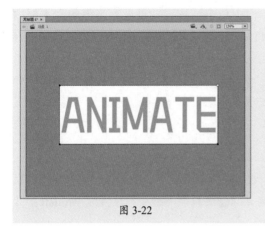

图 3-22   图 3-23

　　用户可以拖曳鼠标调整文本框的宽度，如果需要对文本框的尺寸进行精确调整，可以在"属性"面板中输入文本框的宽度与高度值。

💬 技巧点拨

　　移动文本标签文字输入框右上角的小圆圈可以将文本标签转换为文本框；双击文本框右上角的小方框，可以将文本框转换为文本标签。

3.1.2　动态文本

　　动态文本比较特殊，可以在动画运行中通过ActionScript脚本对其进行编辑修改，主要应用于数据的更新。制作动态文本区域后，需要创建一个外部文件，并通过脚本语言使外部文件链接到动态文本框中。更改外部文件中的内容，文本框中的内容也随之改变。

　　在"属性"面板的"文本类型"下拉列表框中选择"动态文本"选项，即可切换到动态文本输入状态，如图3-24所示。

　　其中，各主要选项的作用如下。

● **实例名称**：用于为当前文本指定对象名称。

● **行为**：当文本包含的文本内容多于一行时，使用"段落"栏中的"行为"下拉列表框，可以选择单行、多行或多行不换行显示。

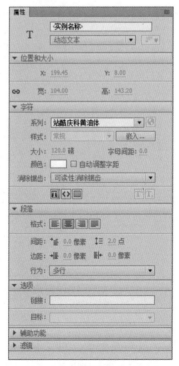

图 3-24

- **将文本呈现为HTML**：在"字符"栏中单击该按钮，可设置当前的文本框内容为HTML内容，这样一些简单的HTML标记就可以被Flash播放器识别并进行渲染。
- **在文本周围显示边框**：在"字符"栏中单击该按钮，可显示文本框的边框和背景。

3.1.3 输入文本

输入文本主要应用于实现交互式操作，通过让浏览者填写一些信息以达到某种信息交换或收集的目的。常用于制作注册表、调查问卷等。该类型文本在生成Animate影片时，可以在其中输入文字。

在"属性"面板中的"文本类型"下拉列表框中选择"输入文本"选项，即可切换到输入文本所对应的"属性"面板，如图3-25所示。

图 3-25

在输入文本类型中，对文本各种属性的设置主要是为浏览者的输入服务的。即当浏览者输入文字时，输入的文字会按照在"属性"面板中对文字颜色、字体和字号等参数的设置来显示。

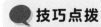**技巧点拨**

创建输入文本时，若在"属性"面板中设置行为为密码，则浏览者输入的内容将以"*"形式
显示。

3.2 设置文本样式

选择创建好的文本内容，还可以在"属性"面板中对其属性进行设置。本小节将针
对文本样式的设置进行介绍。

3.2.1 设置文字属性

选择舞台中输入的文本，在"属性"面板中可以对其系列、样式、颜色、大小等文
字属性进行修改。用户也可以在输入前设置好文字属性。

选择"文本工具"**T**，在"属性"面板中可以看到相应的"字符"属性，如图3-26
所示。

图 3-26

该区域中各主要选项作用如下。

- **系列：**用于设置文本字体。
- **样式：**用于设置常规、粗体或斜体等。一些字体还可能包含其他样式。
- **大小：**用于设置文本大小。
- **字母间距：**用于设置字符之间的距离，单击后可直接输入数值来改变间距。
- **颜色：**用于设置文本颜色。
- **自动调整字距：**在特定字符之间加大或缩小距离。勾选"自动调整字距"复选
  框，将使用字体中的字距微调信息；取消勾选"自动调整字距"复选框，将忽略
  字体中的字距微调信息，不应用字距调整。
- **消除锯齿：**包括使用设备字体、位图文本（无消除锯齿）、动画消除锯齿、可读
  性消除锯齿以及自定义消除锯齿5种选项，选择不同的选项可以看到不同的字体
  呈现方法。

3.2.2 设置段落格式

针对文本中的段落，可以在"属性"面板的"段落"区域中设置段落文本的缩进、行距、边距等参数，如图3-27所示。

图 3-27

该区域中各主要选项作用如下。

- **格式**：用于设置文本的对齐方式。包括"左对齐"、"居中对齐"、"右对齐"和"两端对齐"4种类型，用户可以根据需要选择合适的格式。
- **缩进**：设置段落首行缩进的大小。
- **行距**：设置段落中相邻行之间的距离。
- **边距**：设置段落左右边距的大小。
- **行为**：设置段落单行、多行或者多行不换行。

3.2.3 为文本添加超链接

在"属性"面板中，用户可以为文本添加链接，单击该文本后可以跳转到指定文件、网页等界面。

选中文本，打开"属性"面板，在选项区域中的"链接"文本框内输入相应的链接地址，如图3-28所示。按Ctrl+Enter组合键测试影片，当鼠标指针经过链接的文本时，鼠标将变成小手形，如图3-29所示，单击即可打开所链接的页面。

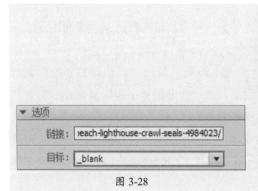

图 3-28

图 3-29

目标下拉列表中各选项作用如下。

- **_blank**：在新窗口打开目标链接。
- **_parent**：在上一级窗口中打开目标链接。
- **_self**：在同一个窗口中打开目标链接。
- **_top**：在浏览器整个窗口中打开目标链接。

3.3 编辑文本

用户可以分离、变形文本，以达到更好的制作效果。本小节将对此进行介绍。

3.3.1 分离文本

将文本分离成单个的字符，可以更便捷地制作单个字符的动画或为其设置特殊的文本效果。

在Animate软件中，可以将文本分离成一个独立的对象进行编辑。当分离成单个字符或填充图像时，便可以制作每个字符的动画或为其设置特殊的文本效果。

选中文本内容后，执行"修改"｜"分离"命令或按Ctrl+B组合键，即可实现文本的分离，如图3-30、图3-31所示。

图 3-30

图 3-31

💬 **技巧点拨**

　　按两次Ctrl+B组合键，可以将文本分离为填充图形。当文本分离为填充图形后，就不再具有文本的属性，此时可以使用选择工具，制作文字局部变形的效果，如图3-32、图3-33所示。

图 3-32　　　　　　　　　　　　　　　图 3-33

3.3.2　变形处理文本

　　制作动画时，用户可以变形处理文本，如缩放、旋转、倾斜等。操作方式基本和其他对象一致。下面将对此进行介绍。

1. 缩放文本

　　使用"任意变形工具"，可以调整文本整体缩放变形。

　　选中文本内容，选择"任意变形工具"，将鼠标移动到轮廓线上的控制点处，按住鼠标左键并拖动鼠标，即可缩放选中的文本，如图3-34、图3-35所示。

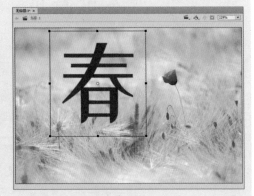

图 3-34　　　　　　　　　　　　　　　图 3-35

2. 旋转与倾斜

　　选中文本，选择"任意变形工具"，将鼠标放置在变形框的任意角点上，当鼠标变为状时，可以旋转文本，如图3-36所示。将鼠标放置在变形框边上中间的控制点上，当鼠标指针变为 ⇌ 或 ↕ 状时，拖动鼠标即可对选中的对象进行垂直或水平方向的倾斜，如图3-37所示。

图 3-36   图 3-37

3. 水平翻转和垂直翻转

选择文本，执行"修改"｜"变形"｜"水平翻转"或"垂直翻转"命令，即可实现对文本对象的翻转操作，如图3-38、图3-39所示。

图 3-38   图 3-39

3.4 滤镜的应用

滤镜可以处理对象的像素，达到特定的效果。Animate软件中的滤镜只对文本、影片剪辑、按钮有效。本小节将针对滤镜的相关知识进行介绍。

3.4.1 认识滤镜

针对滤镜的操作基本都在"属性"面板的"滤镜"区域中实现。用户可以在该区域中为选中对象添加滤镜、删除滤镜，也可以自定义滤镜效果。

1. 添加滤镜

　　选中要添加滤镜的对象，在"属性"面板中的"滤镜"区域中，单击"添加滤镜" ➕ 按钮，在弹出的快捷菜单中选择一种滤镜，在"滤镜"区域中设置相应的参数即可。如图3-40、图3-41所示为添加"模糊"滤镜的前后效果。

图 3-40　　　　　　　　　　　　　　　图 3-41

2. 删除滤镜

　　在"属性"面板中选中要删除的滤镜，单击"删除滤镜" ➖ 按钮即可。

3. 复制滤镜

　　复制滤镜可以为不同的对象添加完全相同的滤镜效果。

　　选中已添加滤镜效果的对象，如图3-42所示。在"属性"面板中选中要复制的滤镜效果，单击"滤镜"区域中的"选项" ⚙▼ 按钮，在弹出的快捷菜单中选择"复制选定的滤镜"命令，即可复制滤镜参数，在舞台中选中要粘贴滤镜效果的对象，单击"滤镜"区域中的"选项" ⚙▼ 按钮，在弹出的快捷菜单中选择"粘贴滤镜"命令，即可为选中的对象添加相同的滤镜效果，如图3-43所示。

图 3-42　　　　　　　　　　　　　　　图 3-43

4. 自定义滤镜预设

用户可以将常用的滤镜效果存为预设，在使用时直接添加即可。

选中"属性"面板"滤镜"区域中的滤镜效果，单击"滤镜"区域中的"选项" ⚙▼ 按钮，在弹出的快捷菜单中选择"另存为预设"命令，打开"将预设另存为"对话框，设置预设名称，如图3-44所示。完成后单击"确定"按钮，即可将选中的滤镜效果另存为预设，使用时单击"滤镜"区域中的"选项" ⚙▼ 按钮，在弹出的快捷菜单中选择另存的滤镜即可，如图3-45所示。

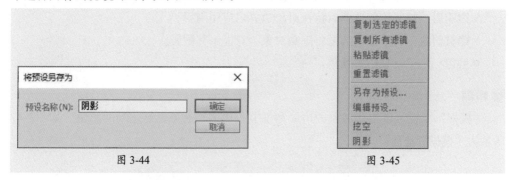

图 3-44   图 3-45

3.4.2　设置滤镜效果

Animate软件中默认的滤镜效果包括7种，分别是投影、模糊、发光、斜角、渐变发光、渐变斜角和调整颜色。本小节将对这7种滤镜效果进行介绍。

1. 投影

"投影"滤镜可以模拟对象投影到一个表面的效果，使其具有立体感。在"投影"选项中，可以设置投影的模糊值、强度、品质、角度、距离等参数，制作出不同的视觉效果。如图3-46所示为"投影"选项。

图 3-46

"投影"选项中各选项作用如下。

- **模糊X和模糊Y：**用于设置投影的宽度和高度。
- **强度：**用于设置阴影暗度。数值越大，阴影越暗。
- **品质：**用于设置投影质量级别。设置为"高"则近似于高斯模糊。设置为"低"可以实现最佳的播放性能。
- **角度：**用于设置阴影角度。
- **距离：**用于设置阴影与对象之间的距离。
- **挖空：**勾选该复选框将从视觉上隐藏源对象，并在挖空图像上只显示投影。
- **内阴影：**勾选该复选框后将在对象边界内应用阴影。
- **隐藏对象：**勾选该复选框将隐藏对象，只显示其阴影。
- **颜色：**用于设置阴影颜色。

2. 模糊

"模糊"滤镜可以柔化对象的边缘和细节，使编辑对象具有运动的感觉。如图3-47所示为"模糊"选项。

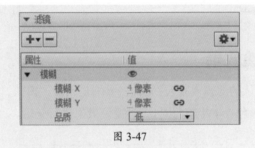

图 3-47

用户可以调整"模糊X"和"模糊Y"参数修改模糊效果。

3. 发光

"发光"滤镜可以使对象的边缘产生光线投射效果，为对象的整个边缘应用颜色。用户既可以设置对象内发光，也可以设置对象外发光。在"发光"选项中，可以对模糊、强度、品质等参数进行设置，如图3-48所示。

图 3-48

4. 斜角

应用"斜角"滤镜就是向对象应用加亮效果，使其看起来凸出背景表面，制作出立体的浮雕效果。如图3-49所示为"斜角"选项。

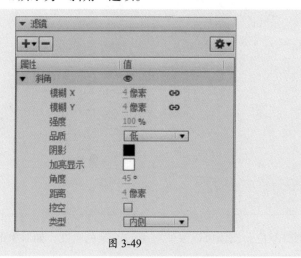

图 3-49

5. 渐变发光

应用"渐变发光"滤镜可以在对象表面产生带渐变颜色的发光效果。渐变发光要求渐变开始处颜色的Alpha值为0，用户可以改变其颜色，但是不能移动其位置。渐变发光和发光的主要区别在于发光的颜色，且渐变发光滤镜效果可以添加多种颜色。如图3-50所示为"渐变发光"选项。

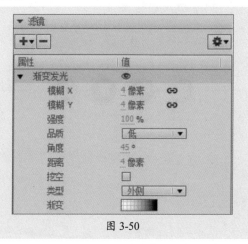

图 3-50

6. 渐变斜角

"渐变斜角"滤镜效果类似于"斜角"滤镜效果，都可以使编辑对象表面产生一种凸起效果。但是斜角滤镜效果只能够更改其阴影色和加亮色两种颜色，而渐变斜角滤镜效果可以添加多种颜色。渐变斜角中间颜色的Alpha值为0，用户可以改变其颜色，但是不能移动其位置。如图3-51所示为"渐变斜角"选项。

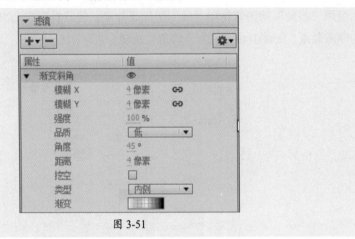

图 3-51

7. 调整颜色

使用"调整颜色"滤镜可以改变对象的各颜色属性，如对象的亮度、对比度、饱和度和色相属性等，如图3-52所示。

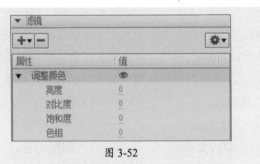

图 3-52

读 书 笔 记

自己练／制作语文课件

案例路径 云盘＼实例文件＼第3章＼自己练＼制作语文课件

项目背景 随着现代信息科技的发展，多媒体教学在校园内逐渐普及，多媒体课件的制作也成了各个学校老师的必备技能。现应学校老师邀请，为其制作一个关于古诗的语文课件，更好地弘扬传统文化，体现国风色彩。

项目要求 ①古诗主题为雪。

②配图与诗句相适应。

③操作简单，便于切换。

④制作2~3首即可，以便于演示。

项目分析 本课件选择《山中雪后》和《逢雪宿芙蓉山主人》两首古诗制作课件，通过简单的雪色背景配图与诗句内容搭配，制作出冬季效果；添加动作及按钮元件，制作单击切换效果。效果如图3-53、图3-54所示。

图 3-53

图 3-54

课时安排 1课时。

Animate

Animate

第 4 章

制作基础动画
——元件、库与实例详解

本章概述

　　元件构成了动画，将元件从"库"面板中拖曳至舞台中就形成了实例。通过元件和"库"面板的使用，可以节省大量工作时间，简化工作流程。本章节将针对Animate中元件、库和实例的相关知识进行介绍。

要点难点

● 元件的类型　★☆☆
● 元件的创建与编辑　★★☆
● 库的应用　★★☆
● 实例的设置　★★★

跟我学 制作骑行动画 //////////////////////////////////////

学习目标 本实例将练习制作骑行动画，使用绘图工具绘制元件内容，使用嵌套元件制作复杂动画效果。通过本实例，了解元件、实例的区别，学会新建元件，学会使用"库"面板，熟悉制作补间动画的方法。

案例路径 云盘\实例文件\第4章\跟我学\制作骑行动画

步骤 01 新建一个尺寸为720*576的空白文档。修改图层1名称为"背景"，在"背景"图层上方新建"内容"图层，如图4-1所示。

步骤 02 按Ctrl＋F8组合键，打开"创建新元件"对话框，在该对话框中设置参数，如图4-2所示。

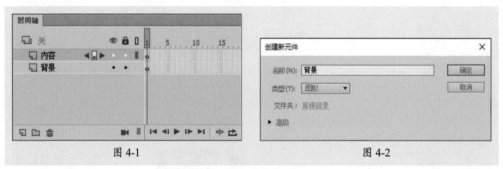

图 4-1   图 4-2

步骤 03 完成后单击"确定"按钮，进入元件编辑模式。使用"矩形工具" ■ 在舞台中合适位置绘制矩形，并在"颜色"面板中设置其填充为#00CCFF到#FFFFFF的线性渐变，效果如图4-3所示。

步骤 04 使用相同的方法，继续绘制矩形并设置其填充为#314A4F到# CBCBCB的线性渐变作为地面，效果如图4-4所示。

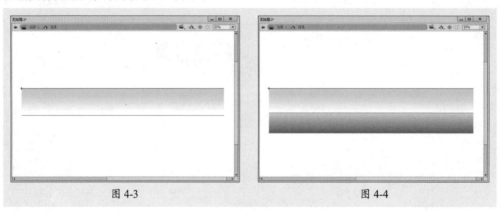

图 4-3   图 4-4

步骤 05 使用"矩形工具"▭在地面上绘制双黄线，填充颜色为#C4B98E，效果如图4-5所示。

图 4-5

步骤 06 使用"铅笔工具" ✎在合适位置绘制植物，并填充绿色，如图4-6所示。

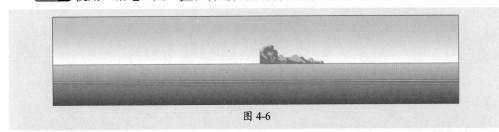

图 4-6

步骤 07 使用相同的方式，继续绘制绿色植物，并进行复制，效果如图4-7所示。

图 4-7

步骤 08 使用"矩形工具"▭绘制围栏，如图4-8所示。

图 4-8

步骤 09 使用"钢笔工具"✐绘制房屋造型，设置其填充为白色，如图4-9所示。

图 4-9

步骤 10 继续使用"钢笔工具" 绘制云朵造型，如图4-10所示。

图 4-10

步骤 11 返回场景1，从"库"面板中选择"背景"元件，按住鼠标左键拖曳至场景中，创建实例，如图4-11所示。

图 4-11

步骤 12 选择创建的实例，按F8键打开"转换为元件"对话框，在该对话框中设置参数，如图4-12所示。完成后单击"确定"按钮。

步骤 13 双击"动态背景"元件，进入元件编辑模式，在时间轴的第50帧按F6键插入关键帧，如图4-13所示。

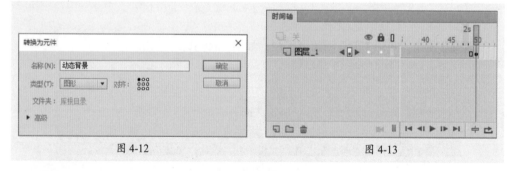

图 4-12　　　　　　　　　　　　　　　　　　图 4-13

步骤 14 选择第50帧，移动舞台中的元件，如图4-14所示。

图 4-14

步骤 15 选中第1~50帧的任意帧，右击鼠标，在弹出的快捷菜单中选择"创建传统补间"命令，创建补间动画，如图4-15所示。

步骤 16 返回场景1，在"背景"图层和"内容"图层的第100帧按F5键插入帧，如图4-16所示。

图 4-15　　　　　　　　　　　　　图 4-16

步骤 17 选择"内容"图层，使用"钢笔工具" ✎ 绘制自行车车架，如图4-17所示。

步骤 18 选择绘制的自行车车架，按F8键打开"转换为元件"对话框，在该对话框中设置参数，如图4-18所示。完成后单击"确定"按钮。

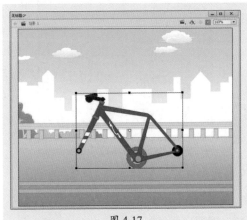

图 4-17

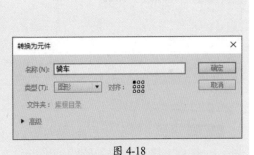

图 4-18

步骤 19 双击自行车车架，进入元件编辑模式，使用"椭圆工具" ⬭ 和"线条工具" ╱ 绘制车轮，如图4-19所示。

步骤 20 选中绘制的车轮，按F8键打开"转换为元件"对话框，在该对话框中设置参数，如图4-20所示。完成后单击"确定"按钮。

步骤 21 双击车轮进入"车轮转动"元件的编辑模式，选中车轮，再次将其转换为"车轮"图形元件，如图4-21所示。

图 4-19

图 4-20

图 4-21

步骤 22 在图层的第10帧按F6键插入关键帧。选中第1~10帧的任意帧，右击鼠标，在弹出的快捷菜单中选择"创建传统补间"命令，创建补间动画，如图4-22所示。

步骤 23 选择第1~10帧的任意一帧，在"属性"面板中设置"旋转"为顺时针旋转，旋转圈数为1，如图4-23所示。

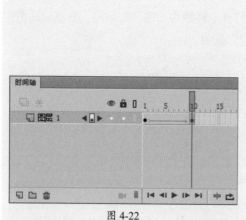

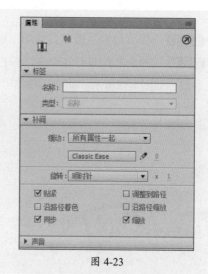

图 4-22

图 4-23

步骤 24 返回"骑车"元件编辑模式，在"时间轴"面板中创建"骑车""车轮""脚"3个图层，移动"车轮转动"元件至"车轮"图层，并复制一份，如图4-24所示。

步骤 25 选择"骑车"图层，绘制人物骑车动作，如图4-25所示。

图 4-24

图 4-25

步骤 26 在"骑车"图层的第3帧按F6键插入关键帧，绘制人物骑车动作，如图4-26所示。

步骤 27 在"骑车"图层的第5帧按F6键插入关键帧，绘制人物骑车动作，如图4-27所示。

图 4-26   图 4-27

步骤 28 在"骑车"图层的第7帧按F6键插入关键帧，在"骑车"图层绘制人物骑车动作，在"脚"图层绘制左脚，如图4-28所示。

步骤 29 在"骑车"图层的第9帧按F6键插入关键帧，在"骑车"图层绘制人物骑车动作，在"脚"图层绘制左脚，如图4-29所示。

图 4-28   图 4-29

步骤 30 在所有图层的第10帧按F5键插入帧，完成一个循环的骑车动作的绘制，如图4-30所示。

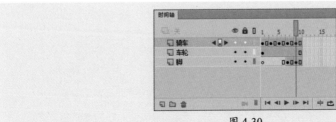

图 4-30

步骤 31 返回场景1，将"骑车"元件放置在合适位置。按Ctrl+Enter组合键测试动画效果，如图4-31、图4-32所示。

图 4-31

图 4-32

至此，完成骑行动画的制作。

4.1　元件

　　元件是构成动画的基本元素，在Animate动画中非常重要。元件中的小动画可以独立于主动画播放，每个元件可由多个独立的元素组合而成。用户可以在动画中反复使用元件，提高工作效率。本小节将针对元件的相关知识进行介绍。

4.1.1　元件的类型

　　根据功能和内容的不同，可以将元件分为3种类型，分别是"影片剪辑"元件、"按钮"元件和"图形"元件，如图4-33所示。

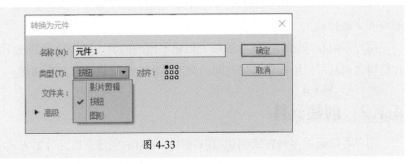

图 4-33

1. "影片剪辑"元件

　　使用"影片剪辑"元件可以创建可重复使用的动画片段，该种类型的元件拥有独立的时间轴，能独立于主动画进行播放。

　　影片剪辑是主动画的一个组成部分，可以将影片剪辑看作是主时间轴内的嵌套时间轴，包含交互式控件、声音以及其他影片剪辑实例。

2. "按钮"元件

　　"按钮"元件是一种特殊的元件，具有一定的交互性，主要用于创建动画的交互控制按钮。"按钮"元件具有"弹起""指针经过""按下""点击"4个不同状态的帧，如图4-34所示。

图 4-34

"按钮"元件各帧的作用如下。

- **弹起**：表示鼠标没有经过按钮时的状态。
- **指针经过**：表示鼠标经过按钮时的状态。
- **按下**：表示鼠标单击按钮时的状态。
- **点击**：表示用来定义可以响应鼠标事件的最大区域。如果这一帧没有图形，鼠标的响应区域则由指针经过和弹出两帧的图形来定义。

3. "图形"元件

"图形"元件用于制作动画中的静态图形，是制作动画的基本元素之一，它也可以是"影片剪辑"元件或场景的一个组成部分，但是没有交互性，不能添加声音，也不能为"图形"元件的实例添加脚本动作。

"图形"元件应用到场景中时，会受到帧序列和交互设置的影响，图形元件与主时间轴同步运行。

用户可以在按钮的不同状态帧上创建不同的内容，既可以是静止图形，也可以是影片剪辑，而且可以给按钮添加时间的交互动作，使按钮具有交互功能。

4.1.2 创建元件

用户可以通过多种方式创建空白元件。常用的创建空白元件的方式有以下4种。

- 执行"插入"|"新建元件"命令或按Ctrl+F8组合键。
- 在"库"面板中的空白处右击鼠标，在弹出的快捷菜单中选择"新建元件"命令。
- 单击"库"面板右上角的"菜单"按钮，在弹出的下拉菜单中选择"新建元件"命令。
- 单击"库"面板底部的"新建元件"按钮。

通过这4种方式，都可以打开"创建新元件"对话框，如图4-35所示。在该对话框中设置参数后，单击"确定"按钮即可创建空白元件。

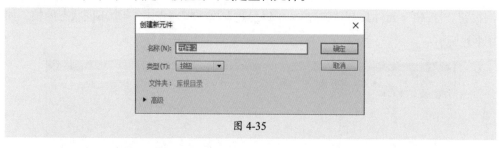

图 4-35

"创建新元件"对话框中各选项作用如下。

- **名称**：用于设置元件的名称。
- **类型**：用于设置元件的类型，包括"图形""按钮"和"影片剪辑"3个选项。

- **文件夹：** 在"库根目录"上单击，打开"移至文件夹..."对话框，如图4-36所示，在该对话框中用户可以设置元件放置位置。
- **高级：** 单击该链接，可将该面板展开，对元件进行高级设置，如图4-37所示。

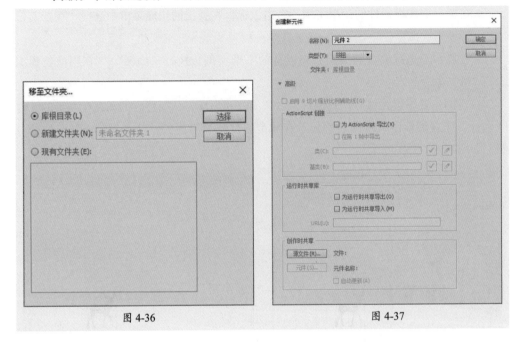

图 4-36   图 4-37

4.1.3　转换元件

用户还可以通过将舞台中的对象转换为元件的方式创建元件。

选中舞台中的对象，执行"修改"|"转换为元件"命令或按F8键，打开"转换为元件"对话框，在该对话框中进行设置，如图4-38所示。完成后单击"确定"按钮即可将选中对象转换为元件。

图 4-38

除此之外，还可以选中对象后右击鼠标，在弹出的快捷菜单中选择"转换为元件"命令将其转换。

4.1.4　编辑元件

编辑元件时，舞台中所有该对象的实例也会随之变化。用户可以在当前位置编辑元件，也可以在新窗口中编辑元件，还可以进入元件编辑模式编辑元件。下面将对此进行介绍。

1. 在当前位置编辑元件

在当前位置编辑元件有以下3种方式。

- 在舞台上双击要进入编辑状态元件的一个实例。
- 在舞台上选择元件的一个实例，右击鼠标，在弹出的快捷菜单中选择"在当前位置编辑"命令。
- 在舞台上选择要进入编辑状态元件的一个实例，执行"编辑"|"在当前位置编辑"命令。

在当前位置编辑元件时，其他对象以灰显方式出现，从而将它们和正在编辑的元件区别开。正在编辑的元件的名称显示在舞台顶部的编辑栏内，位于当前场景名称的右侧，如图4-39、图4-40所示。

图 4-39　　　　　　　　　　　　　　图 4-40

2. 在新窗口中编辑元件

当舞台中对象较多、颜色较杂时，可以在新窗口中编辑元件。

在舞台上选择要进行编辑的元件并右击鼠标，在弹出的快捷菜单中选择"在新窗口中编辑"命令，进入在新窗口中编辑元件的模式，正在编辑的元件的名称会显示在舞台顶部的编辑栏内，且位于当前场景名称的右侧，如图4-41、图4-42所示。

 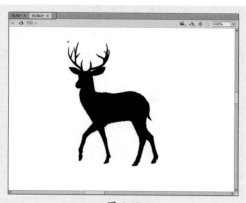

图 4-41　　　　　　　　　　　　　　图 4-42

💬 **技巧点拨**

　　直接单击标题栏的关闭框即可关闭新窗口，退出"在新窗口中编辑元件"模式并返回到文档编辑模式。

3. 在元件的编辑模式下编辑元件

　　在元件的编辑模式下编辑元件有以下4种方法。

- 在"库"面板中双击要编辑元件名称左侧的图标。
- 按Ctrl＋E组合键。
- 选择需要进入编辑模式的元件所对应的实例并右击鼠标，在弹出的快捷菜单中选择"编辑元件"命令。
- 选择需要进入编辑模式的元件所对应的实例，执行"编辑"|"编辑元件"命令。

　　使用该编辑模式，可将窗口从舞台视图更改为只显示该元件的单独视图来编辑它。当前所编辑的元件名称会显示在舞台上方的编辑栏内，位于当前场景名称的右侧，如图4-43、图4-44所示。

图 4-43

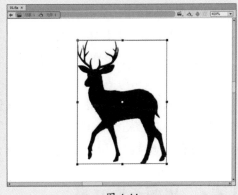
图 4-44

4.2　库

　　在Animate中制作或导入的所有资源都存放在"库"面板中，用户可以在使用时直接调用，还可以从其他影片的"库"面板中调用。本小节将针对库进行介绍。

4.2.1　认识"库"面板

　　"库"面板中存储和组织着在Animate中创建的各种元件和导入的素材资源。执行"窗口"|"库"命令，或按Ctrl＋L组合键，即可打开"库"面板。在该面板中，可以看到每个库项目的基本信息，如名称、使用次数、修改日期、类型等，如图4-45所示。用户可以单击这些选项按钮为"库"面板中的对象排序。

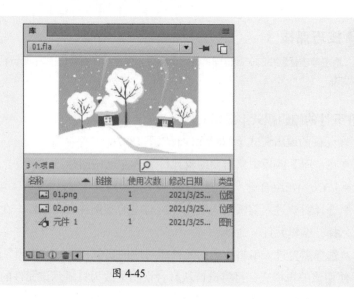

图 4-45

"库"面板中各选项作用如下。

● **预览窗口**：用于显示所选对象的内容。

● **"菜单"**按钮：单击该按钮，弹出"库"面板中的快捷菜单。

● **"新建库面板"**按钮：单击该按钮，可以新建库面板。

● **"新建元件"**按钮：单击该按钮，即可打开"创建新元件"对话框，新建元件。

● **"新建文件夹"**按钮：用于新建文件夹。

● **"属性"**按钮：用于打开相应的"元件属性"对话框。

● **"删除"**按钮：用于删除库项目。

4.2.2 重命名库元素

为了更好地识别管理库项目，用户可以重命名库项目。重命名库项目的方式主要有以下3种。

● 双击项目名称。

● 单击"库"面板右上角的"菜单"按钮，在弹出的快捷菜单中选择"重命名"命令。

● 选择项目并右击鼠标，在弹出的快捷菜单中选择"重命名"命令。

通过这3种方式，都可以使项目名称进入编辑状态，在文本框中输入新名称后，按Enter键或在其他空白处单击，即可完成项目的重命名操作。

4.2.3 创建库文件夹

整理库项目时，可以使用库文件夹分类整理。"库"面板中可以同时包含多个库文件夹，但不允许文件夹使用相同的名称。

在"库"面板中单击"新建文件夹"按钮🗀，在文本框中输入文件夹的名称，即可新建一个"库"文件夹，如图4-46所示。设置库文件夹名称后，将相应的库项目拖曳至文件夹中即可，如图4-47所示。

图 4-46

图 4-47

4.2.4 应用并共享库资源

共享库资源可以合理地应用不同影片中的每个元素，减少制作周期。下面将对此进行介绍。

使用共享库资源，可以将一个影片库面板中的资源共享，供其他影片使用，同时合理地组织影片中的每个元素，减少影片的开发周期。下面将介绍库资源的共享与应用。

1. 复制库资源

复制库资源的方法主要有以下3种。

（1）通过"复制"和"粘贴"命令来复制库资源。

在舞台上选择资源，执行"编辑"|"复制"命令，复制选中对象。若要将资源粘贴到舞台中心位置，移动鼠标至舞台上并执行"编辑"|"粘贴到中心位置"命令即可。若要将资源放置在与源文档中相同的位置，执行"编辑"|"粘贴到当前位置"命令即可。

（2）通过拖动来复制库资源。

在目标文档打开的情况下，在源文档的"库"面板中选择该资源，并将其拖入目标文档中即可。

（3）通过在目标文档中打开源文档库来复制库资源。

当目标文档处于活动状态时，执行 "文件"|"导入"|"打开外部库"命令，选择源文档并单击"打开"按钮，即可导入到目标文档的"库"面板中。

2. 实时共享库中的资源

对于创作期间的共享资源，可以用本地网络上任何其他可用元件来更新或替换正在创作的文档中的任何元件。在创建文档时更新目标文档中的元件，目标文档中的元件保留了原始名称和属性，但其内容会被更新或替换为所选元件的内容。选定元件使用的所有资源也会复制到目标文档中。

打开文档，选择"影片剪辑"元件、"按钮"元件或"图形"元件，然后从"库"面板菜单中选择"属性"命令，弹出"元件属性"对话框，从中单击"高级"按钮选项。在"创作时共享"区域中单击"源文件"按钮，选择要替换的FLA文件，勾选"自动更新"复选框，然后单击"确定"按钮即可，如图4-48所示。

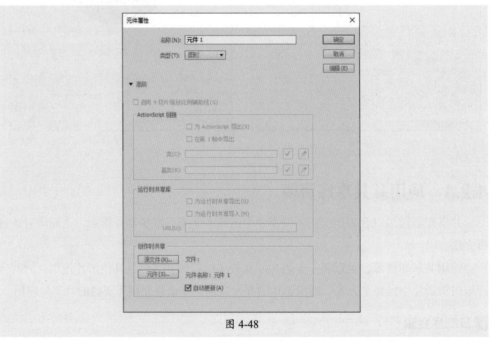

图 4-48

3. 解决库资源之间的冲突

当将一个库资源导入或复制到已经含有同名的不同资源的文档中时，会打开"解决库冲突"对话框，在该对话框中可以选择是否用新项目替换现有项目，如图4-49所示。一般可以通过重命名库资源解决冲突。

图 4-49

"解决库冲突"对话框中各选项作用如下。

- **不替换现有项目：** 选择该选项，将保留目标文档中的现有资源。
- **替换现有项目：** 选择该选项，将用同名的新项目替换现有资源及其实例。
- **将重复的项目放置到文件夹中：** 选择该选项，将保留目标文档中的现有资源，同名的新项目将被放置在重复项目文件夹中。

4.3　实例

将元件从库中拖曳至舞台或其他元件中，就变成实例。即在场景或者元件中的元件被称为实例，实例是元件的具体应用。

4.3.1　创建实例

用户可以利用"属性"面板设置实例的色彩效果等信息，设置后只针对当前所选的实例有效，对元件和场景中的其他实例没有影响。

从"库"面板中选择元件，按住鼠标左键不放，将其直接拖曳至场景后释放鼠标，即可创建实例，如图4-50、图4-51所示。

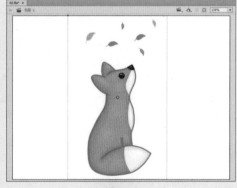

图 4-50　　　　　　　　　　　　　　　图 4-51

多帧的影片剪辑元件创建实例时，在舞台中设置一个关键帧即可，而多帧的图形元件则需要设置与该元件完全相同的帧数，动画才能完整地播放。

4.3.2　复制实例

用户也可以直接复制舞台中的实例。选择要复制的实例，按住Alt键的同时拖动实例，此时鼠标变为 状，将实例对象拖曳至目标位置时，释放鼠标即可复制选中的实例对象，如图4-52、图4-53所示。

图 4-52

图 4-53

4.3.3 设置实例的色彩

用户可以在"属性"面板中对元件实例的色彩效果进行设置。

选择实例，在"属性"面板的"色彩效果"栏中的"样式"下拉列表中选择相应的选项，如图4-54所示，即可展开相应的选项对实例的颜色和透明度进行设置。

图 4-54

💬 技巧点拨

在实例的开始关键帧和结束关键帧中设置不同的色彩效果，再创建传统补间动画，可以制作渐变颜色更改的效果。

"样式"下拉列表中选项作用分别如下。

1. 无 ───────────────────────────────

选择该选项，不设置颜色效果。

2. 亮度 ───────────────────────────────

用于设置实例的明暗对比度，量度范围从−100%到100%。选择"亮度"选项，拖动右侧的滑块，或者在文本框中直接输入数值即可设置对象的亮度属性。如图4-55、图4-56所示分别为设置"亮度"值为0和100%的效果。

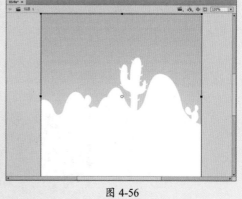

图 4-55 图 4-56

3. 色调

用于设置实例的颜色，如图4-57所示。单击"颜色"色块，从颜色面板中选择一种颜色，或者在文本框中输入红色、绿色和蓝色的值，即可改变实例的色调。若要设置色调百分比从透明（0）到完全饱和（100%），可使用"属性"面板中的色调滑块。如图4-58所示为调整色调后的效果。

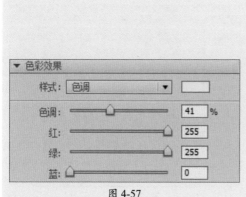

图 4-57 图 4-58

4. 高级

用于设置实例的红、绿、蓝和透明度的值，如图4-59所示。选择"高级"选项，左侧的控件可以使用户按指定的百分比降低颜色或透明度的值；右侧的控件可以使用户按常数值降低或增大颜色或透明度的值。如图4-60所示为调整"高级"选项后的效果。

图 4-59

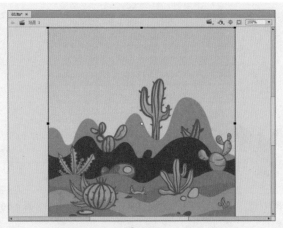

图 4-60

5. Alpha

用于设置实例的透明度，调节范围从透明（0）到完全饱和（100%）。如果要调整Alpha值，选择Alpha选项并拖动滑块，或者在框中输入一个值即可。如图4-61、图4-62所示分别为设置40%和80%Alpha值的效果。

图 4-61

图 4-62

4.3.4 改变实例的类型

若想重新定义实例在Animate软件中的行为，可以改变实例类型。

在"属性"面板中，即可转换实例类型，如图4-63所示。当一个图形实例包含独立于主时间轴播放的动画时，可以将该图形实例重新定义为影片剪辑实例。改变实例的类型后，"属性"面板中的参数也将进行相应的变化。

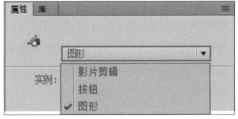

图 4-63

4.3.5　查看实例信息

处理一个文档中同一元件的多个实例时，识别舞台中的特定实例比较复杂，这里可以使用"属性"面板或"信息"面板进行识别。

若想了解实例的行为和设置，可以在"属性"面板中查看，如图4-64所示。用户可以查看所有元件类型的色彩效果设置、位置和大小。但"属性"面板中所显示的元件注册点或元件左上角的x和y坐标，具体取决于在"信息"面板上选择的选项。

若想了解实例的大小和位置、实例注册点的位置、指针的位置以及实例的红色值（R）、绿色值（G）、蓝色值（B）和Alpha（A）值等信息，可以在"信息"面板中查看。执行"窗口"|"信息"命令，或按Ctrl+I组合键，即可打开"信息"面板，如图4-65所示。

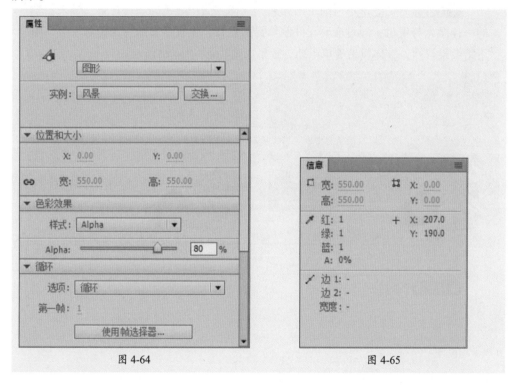

图 4-64　　　　　　　　　　　　　　　　　　　图 4-65

4.3.6　分离实例

若想断开实例与元件之间的链接，并将实例放入为组合形状和线条的集合中，可以选择分离实例。选中要分离的实例，执行"修改"|"分离"命令，或按Ctrl+B组合键即可将实例分离。分离实例后若修改源元件，分离的实例不会随之更新。

自己练／制作下雪效果

案例路径 云盘\实例文件\第4章\自己练\制作下雪效果

项目背景 随着季节变化，某短视频公司需要准备一些视频背景，便于软件推广及用户便捷使用。受该公司委托，为其制作一款冬季雪景背景视频，以配合该公司其他视频的制作。

项目要求 ①内容简单，不影响其他视频效果的添加。

②下雪效果自然。

③尺寸为550像素×400像素。

项目分析 雪是冬季不可缺少的元素，选择大面积绿色的积雪背景，带来冬季的一抹微光与生机，通过嵌套元件制作错落有致、丰富多彩的雪花飘落效果，使下雪效果自然，整体风格简单生动。效果如图4-66、图4-67所示。

图 4-66

图 4-67

课时安排 2课时。

第 **5** 章

制作旅游宣传片
——动画制作详解

本章概述

　　本章将针对Animate中的简单动画类型进行介绍，包括形状补间动画、传统补间动画、引导动画、骨骼动画、遮罩动画等类型的创建与编辑。通过本章节的学习，可以帮助读者更好地使用Animate软件、掌握动画制作知识。

要点难点

- 形状补间动画 ★★☆
- 传统补间动画 ★★☆
- 骨骼动画 ★★★
- 引导动画 ★★☆
- 遮罩动画 ★★☆

跟我学 制作城市旅游片头 ///////////////////////

学习目标 本实例将练习制作城市旅游片头。使用绘图工具绘制动画主体，使用
补间动画制作动画效果，添加引导动画丰富画面。通过本实例，学会创建传统补间
动画、引导动画、遮罩动画，学会创建形状补间动画，了解音频的插入。

案例路径 云盘 \ 实例文件 \ 第5章 \ 跟我学 \ 城市旅游片头

1. 制作中华门景点动画

步骤 01 新建一个尺寸为1280*720像素的空白文档，执行"文件"|"导入"|
"导入到库"命令，导入本章素材文件，如图5-1所示。

步骤 02 在"时间轴"面板中创建9个图层，并修改其名称，如图5-2所示。

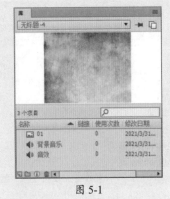 

| 图 5-1 | 图 5-2 |

步骤 03 选择"背景"图层，使用"矩形工具" 绘制一个矩形，设置填充颜色为
#80DEC3，如图5-3所示。

步骤 04 选择"透明片"图层，将"库"面板中的"01"素材拖曳至舞台合适的位
置，按F8键打开"转换为元件"对话框，将其转换为"底纹"图形元件，在"属性"面
板中设置其样式为Alpha，数值调整为10%，效果如图5-4所示。

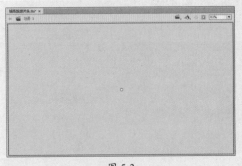 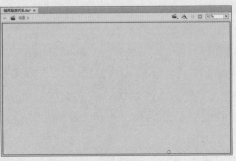

| 图 5-3 | 图 5-4 |

步骤 05 选择"内容2"图层，绘制一个颜色为#CBC593的矩形作为地面，按Ctrl+G组合键将其编组，并按F8键将其转换为"元件30"图形元件，双击进入元件编辑模式，如图5-5所示。

步骤 06 使用"矩形工具" ▢绘制两个台阶，按Ctrl+G组合键分别成组，如图5-6所示。

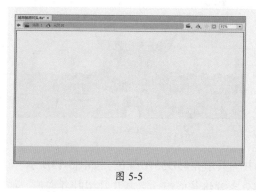

图 5-5

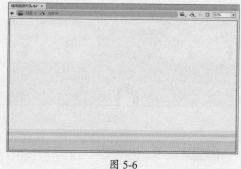

图 5-6

步骤 07 使用"钢笔工具" ✍绘制城墙并按Ctrl+G组合键将其编组，如图5-7所示。

步骤 08 选中绘制的城墙，按住Alt键拖曳复制，右击鼠标，在弹出的快捷菜单中选择"变形"|"水平翻转"命令，效果如图5-8所示。

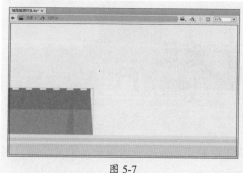

图 5-7

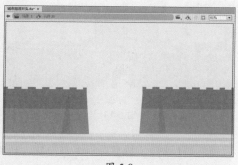

图 5-8

步骤 09 继续使用"钢笔工具" ✍绘制城门，按Ctrl+G组合键将其编组，如图5-9所示。

步骤 10 继续使用"钢笔工具" ✍绘制二楼及楼顶，并分别成组，如图5-10所示。

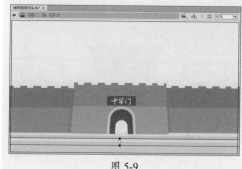

图 5-9

图 5-10

步骤 11 继续使用"钢笔工具" ✐ 和"椭圆工具" ◯ 绘制几组灯笼，并分别成组，如图5-11所示。

步骤 12 使用"椭圆工具" ◯ 绘制云朵，调整其在城楼下方，并将其分别成组，如图5-12所示。

图 5-11

图 5-12

步骤 13 使用"钢笔工具" ✐ 绘制树干，并为其填充#5D351C颜色，如图5-13所示。

步骤 14 使用"椭圆工具" ◯ 绘制树叶部分，并将其成组，复制几片树叶并变形，如图5-14所示。

图 5-13

图 5-14

步骤 15 选择"基本矩形工具" ▣，在画板中绘制矩形并拖曳出圆角，重复绘制，制作标牌，如图5-15所示。

步骤 16 在标牌上输入文字，并打散，选中文字与标牌，按Ctrl+G组合键将其编组，如图5-16所示。

图 5-15

图 5-16

步骤17 至此，完成城门的绘制，确保城门的每部分都编组，将每组都按F8键转换为"图形"元件，选中所有对象，右击鼠标，在弹出的快捷菜单中选择"分散到图层"命令，将元件分散至图层，在所有图层的第160帧按F5键插入帧，如图5-17所示。

步骤18 分别在每个图层的第6帧、第9帧、第12帧、第15帧和第17帧按F6键插入关键帧，如图5-18所示。

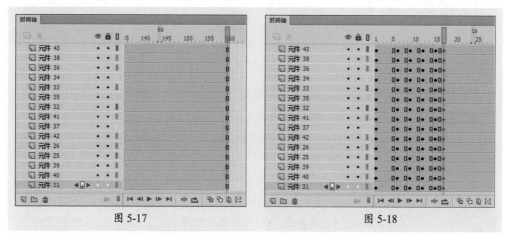

图 5-17   图 5-18

步骤19 在每个图层的第1~6帧、第6~9帧、第9~12帧、第12~15帧和第15~17帧创建传统补间动画，如图5-19所示。

步骤20 选择所有图层的第1帧，使用"任意变形工具"🔲变形元件，如图5-20所示。

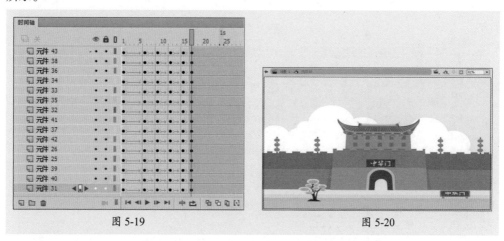

图 5-19   图 5-20

步骤21 选择所有图层的第9帧，将所有元件向上移动几个像素，如图5-21所示。

步骤22 选择所有图层的第12帧，将所有元件向下移动几个像素，距离短于上一步骤中向上移动的距离，如图5-22所示。

图 5-21

图 5-22

步骤23 选择所有图层的第15帧，将所有元件向上移动几个像素，如图5-23所示。

步骤24 选择所有图层的第17帧，将所有元件向下移动几个像素，如图5-24所示。

图 5-23

图 5-24

步骤25 在时间轴上，调整每个图层的第1~17帧后移，使动画错开播放，如图5-25
所示。

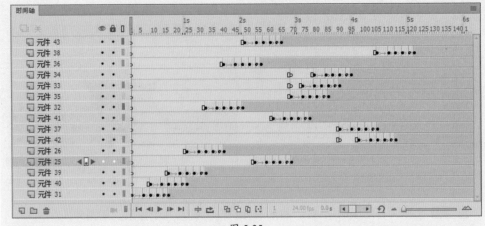

图 5-25

💬 技巧点拨

错开的原则是舞台内容从下至上、从左至右播放。

步骤 26 返回场景1，在"内容2"图层的第305帧按F6键插入关键帧，在第306帧按F7键插入空白关键帧。选择"内容2"图层上的元件，在第305帧左移城门，移动出舞台，如图5-26所示。选择第1~305帧的任意帧，右击鼠标，在弹出的快捷菜单中选择"创建传统补间"命令，创建传统补间动画。

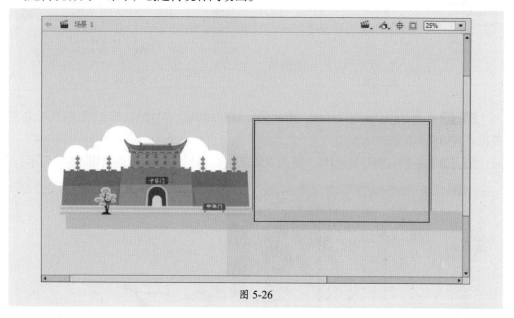

图 5-26

2. 制作中山陵景点动画

步骤 01 在"内容1"图层的第92帧按F6键插入关键帧，使用"钢笔工具" 绘制树干，如图5-27所示。

步骤 02 选择绘制的树干，按F8键将其转换为"元件29"图形元件，双击进入元件编辑模式，绘制树枝和树叶，如图5-28所示。

图 5-27

图 5-28

步骤 03 将树干、树枝和各片树叶分别转换为元件，选中所有元件，按Ctrl+Shift+D组合键将元件分散至图层，在所有图层的第1帧按F5键插入帧，如图5-29所示。

步骤 04 分别在每个图层的第6帧、第9帧、第12帧、第14帧和第16帧按F6键插入关键帧，如图5-30所示。

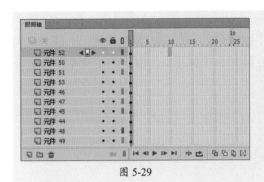

图 5-29

图 5-30

步骤 05 在每个图层的第1~6帧、第6~9帧、第9~12帧、第12~14帧和第14~16帧创建传统补间动画，如图5-31所示。

步骤 06 选择所有图层的第1帧，使用"任意变形工具" □ 变形元件，如图5-32所示。

图 5-31

图 5-32

步骤 07 选择所有图层的第9帧，将所有元件向上移动几个像素，如图5-33所示。

步骤 08 选择所有图层的第12帧，将所有元件向下移动几个像素，如图5-34所示。

图 5-33

图 5-34

步骤 09 选择所有图层的第14帧，将所有元件向上移动几个像素，如图5-35所示。

步骤 10 选择所有图层的第16帧，将所有元件向下移动几个像素，如图5-36所示。

图 5-35   图 5-36

步骤 11 在时间轴上，调整每个图层的第1~16帧后移，使动画错开播放，如图5-37所示。

步骤 12 返回场景1，选择"内容1"图层，在第305帧按F6键插入关键帧，并移动树至舞台左侧，如图5-38所示。在"内容1"图层的第92~305帧创建传统补间动画。

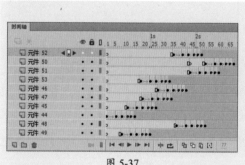

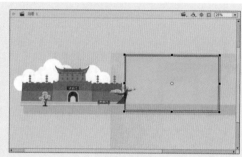

图 5-37   图 5-38

步骤 13 在"内容3"图层的第127帧按F6键插入关键帧，使用"钢笔工具" 绘制城墙，并复制及翻转，效果如图5-39所示。

步骤 14 选择绘制的城墙，按F8键将其转换为"元件1"图形元件，双击进入元件编辑模式，绘制城墙细节部分，如图5-40所示。

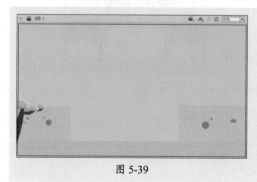

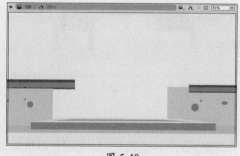

图 5-39   图 5-40

步骤 15 使用"矩形工具" 绘制柱子，并复制调整，如图5-41所示。

步骤 16 使用"钢笔工具" 绘制城门顶部，如图5-42所示。

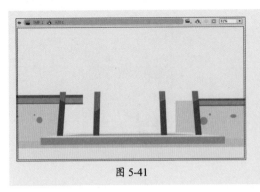

图 5-41

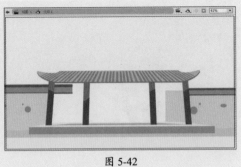

图 5-42

步骤 17 继续使用"钢笔工具" 绘制城门装饰物，并复制翻转，调整至合适位置，如图5-43所示。

步骤 18 绘制城门中间装饰物，如图5-44所示。

图 5-43

图 5-44

步骤 19 绘制城门上半部分的细节，如图5-45所示。

步骤 20 完成绘制城门的上半部分，如图5-46所示。

图 5-45

图 5-46

步骤 21 在城门周围绘制装饰物，如图5-47所示。

步骤 22 绘制建筑阴影，复制并调整其大小，如图5-48所示。

图 5-47　　　　　　　　　　　　　　　图 5-48

步骤 23 使用"椭圆工具" ◯绘制云朵，如图5-49所示。

步骤 24 选择城门的每个部分，分别将其转换为"图形"元件，如图5-50所示。

图 5-49　　　　　　　　　　　　　　　图 5-50

步骤 25 选中所有元件，按Ctrl+Shift+D组合键，将元件分散到图层，在所有图层的第194帧按F5键插入帧，如图5-51所示。

步骤 26 分别在每个图层的第6帧、第9帧、第12帧、第14帧和第16帧按F6键插入关键帧，如图5-52所示。

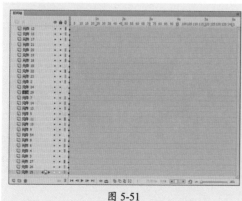

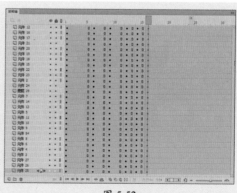

图 5-51　　　　　　　　　　　　　　　图 5-52

步骤 27 在每个图层的第1~6帧、第6~9帧、第9~12帧、第12~14帧和第14~16帧创建传统补间动画，如图5-53所示。

步骤28 选择所有图层的第1帧，使用"任意变形工具" ⊞变形元件，如图5-54所示。

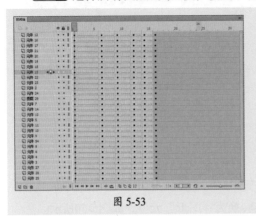

图 5-53　　　　　　　　　　　　　　　　图 5-54

步骤29 选择所有图层的第9帧，将所有元件向下移动几个像素，如图5-55所示。

步骤30 选择所有图层的第12帧，将所有元件向上移动几个像素，如图5-56所示。

图 5-55　　　　　　　　　　　　　　　　图 5-56

步骤31 选择所有图层的第14帧，将所有元件向上移动几个像素，如图5-57所示。

步骤32 选择所有图层的第16帧，将所有元件向下移动几个像素，如图5-58所示。

图 5-57　　　　　　　　　　　　　　　　图 5-58

步骤33 在时间轴上，调整每个图层的第1~16帧后移，使动画错开播放，如图5-59所示。

步骤34 返回场景1，在"内容3"图层的第127帧处，将城门元件放置在"中华门"的右侧，如图5-60所示。

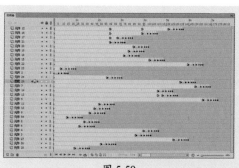

图 5-59   图 5-60

步骤 35 在"内容3"图层的第305帧按F6键插入关键帧,右移舞台中的元件至中间位置,如图5-61所示。在"内容3"图层的第127~305帧创建传统补间动画。

步骤 36 在"内容1"图层和"内容3"图层的第313帧按F6键插入关键帧,在这两个图层的第305~313帧创建传统补间动画,在第313帧放大这两个图层上的元件,如图5-62所示。

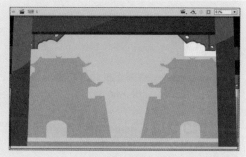

图 5-61   图 5-62

步骤 37 选择舞台中放大的元件,在"属性"面板中设置色彩效果中的Alpha值为0,如图5-63所示。在"内容1"图层和"内容3"图层的第314帧按F7键插入空白关键帧。

步骤 38 选择"内容4"图层,在第310帧按F7键插入空白关键帧,使用"矩形工具"▢绘制矩形作为地面,并将其转换为"元件56"图形元件,双击进入元件编辑模式,如图5-64所示。

步骤 39 使用"钢笔工具"✐和"椭圆工具"◯绘制平台和树木,如图5-65所示。

图 5-63

117

图 5-64　　　　　　　　　　　　　　　　图 5-65

步骤 40 使用"钢笔工具" ✐绘制松树，并将其复制翻转，如图5-66所示。

步骤 41 使用"钢笔工具" ✐绘制楼梯边缘，并将其复制翻转，如图5-67所示。

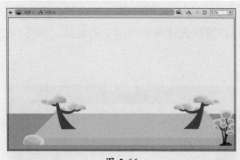
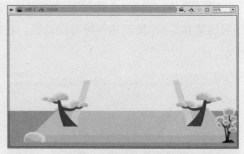

图 5-66　　　　　　　　　　　　　　　　图 5-67

步骤 42 使用"矩形工具" ■绘制矩形作为台阶，并分别转换为元件，如图5-68所示。

步骤 43 使用"矩形工具" ■和"铅笔工具" ✐绘制柱子，并将其复制翻转。复制绘制好的松树，并调整至合适大小和位置，如图5-69所示。

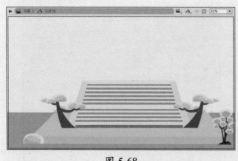
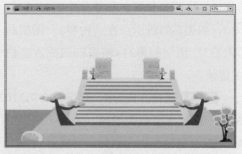

图 5-68　　　　　　　　　　　　　　　　图 5-69

步骤 44 使用"钢笔工具" ✐绘制"中山陵"的下半部分，如图5-70所示。

步骤 45 使用"钢笔工具" ✐绘制"中山陵"的上半部分，绘制"中山陵"的标示，如图5-71所示。

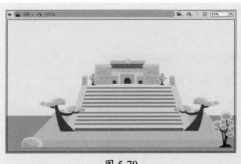
图 5-70

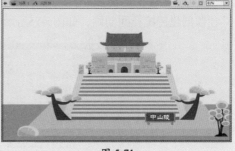
图 5-71

步骤 46 使用"椭圆工具" ◯ 和"钢笔工具" ✑ 绘制云朵、山脉，如图5-72所示。

步骤 47 选中所有元件，按Ctrl+Shift+D组合键，将元件分散到图层，在所有图层的第219帧按F5键插入帧，如图5-73所示。

图 5-72

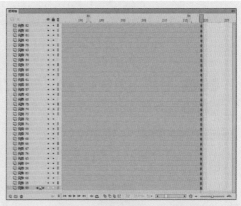
图 5-73

步骤 48 分别在每个图层的第6帧、第9帧、第12帧、第14帧、第16帧和第18帧按F6键插入关键帧，如图5-74所示。

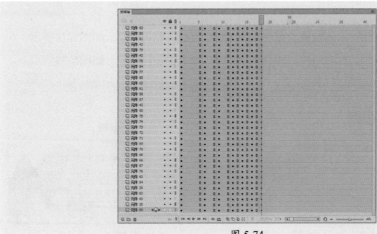
图 5-74

步骤 49 在每个图层的第1~6帧、第6~9帧、第9~12帧、第12~14帧、第14~16和第16~18帧创建传统补间动画，如图5-75所示。

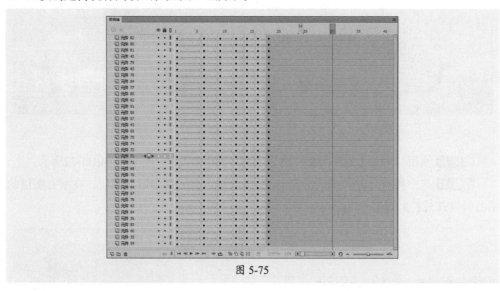

图 5-75

步骤 50 选择所有图层的第1帧，使用"任意变形工具" 变形元件，如图5-76所示。

步骤 51 选择所有图层的第9帧，将所有元件向下移动几个像素，如图5-77所示。

图 5-76

图 5-77

步骤 52 选择所有图层的第12帧，将所有元件向上移动几个像素，如图5-78所示。

步骤 53 选择所有图层的第14帧，将所有元件向下移动几个像素，如图5-79所示。

图 5-78

图 5-79

步骤 54 选择所有图层的第16帧，将所有元件向上移动几个像素，如图5-80所示。

步骤 55 选择所有图层的第18帧，将所有元件向下移动几个像素，如图5-81所示。

图 5-80

图 5-81

步骤 56 在时间轴上，调整每个图层的第1~18帧后移，使动画错开播放，如图5-82所示。

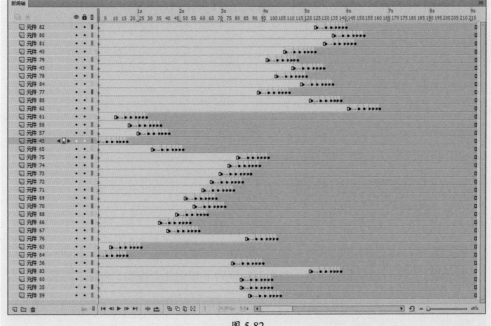
图 5-82

3. 制作中心景点动画及文字动画

步骤 01 返回场景1，选择"内容4"图层的第310帧，将"中山陵"元件调整至舞台中心，在第477帧按F7键插入空白关键帧。在"内容3"图层的第478帧按F7键插入空白关键帧，并在舞台上绘制"奥林匹克中心"的标示，如图5-83所示。

步骤 02 选中舞台中新绘制的内容，按F8键将其转换为"元件91"图形元件，双击进入元件编辑模式，将其中的各个部分都转换为元件，如图5-84所示。

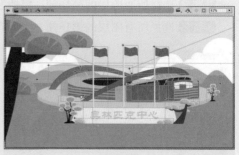

图 5-83

图 5-84

步骤 03 选中所有元件，按Ctrl+Shift+D组合键，将元件分散到图层，在所有图层的第205帧按F5键插入帧，如图5-85所示。

步骤 04 分别在每个图层的第6帧、第9帧、第12帧、第14帧和第16帧按F6键插入关键帧。在每个图层的第1~6帧、第6~9帧、第9~12帧、第12~14帧和第14~16帧创建传统补间动画，如图5-86所示。

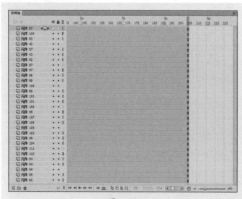

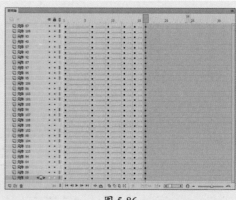

图 5-85

图 5-86

步骤 05 选择所有图层的第1帧，使用"任意变形工具" 变形元件，如图5-87所示。

步骤 06 选择所有图层的第9帧，将所有元件向下移动几个像素，如图5-88所示。

图 5-87

图 5-88

步骤 07 选择所有图层的第12帧，将所有元件向上移动几个像素，如图5-89所示。

步骤 08 选择所有图层的第14帧，将所有元件向下移动几个像素，如图5-90所示。

图 5-89　　　　　　　　　　　　　　　　　图 5-90

步骤 09 选择所有图层的第16帧，将所有元件向上移动几个像素，如图5-91所示。

图 5-91

步骤 10 在时间轴上，调整每个图层的第1~16帧后移，使动画错开播放，如图5-92所示。

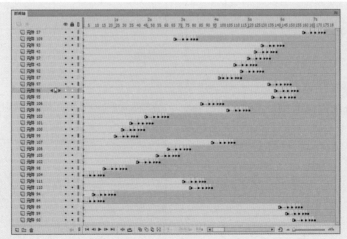

图 5-92

步骤 **11** 返回场景1，选择"内容3"图层的第478帧处，调整"奥林匹克中心"的标示至舞台中心位置，并在第663帧按F7键插入空白关键帧。复制之前绘制的景点粘贴至"内容3"图层的第663帧的舞台上，如图5-93所示。

步骤 **12** 在"内容4"图层的第663帧按F7键插入空白关键帧，使用"矩形工具" ▣ 在舞台上半部分绘制矩形，并将其转换为"eeeet 副本"图形元件，双击进入元件编辑模式，如图5-94所示。

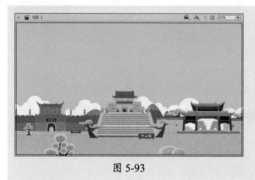
图 5-93

图 5-94

步骤 **13** 新建图层，并调整至矩形图层下方，使用"矩形工具" ▣ 在舞台中绘制矩形，并调整成放射状作为光线，隐藏矩形图层，效果如图5-95所示。

步骤 **14** 显示矩形图层，右击鼠标，在弹出的快捷菜单中选择"遮罩层"命令，将该图层转换为遮罩层。在光线图层上的第3帧、第5帧和第7帧按F6键插入关键帧，在第8帧按F5键插入帧，如图5-96所示。

图 5-95

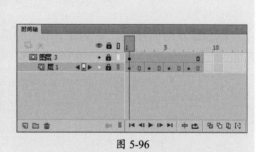
图 5-96

步骤 **15** 分别选择第3帧、第5帧和第7帧的光线，调整其方向，使其旋转，如图5-97所示。

图 5-97

步骤 16 返回场景1，调整光线至舞台中间，在"属性"面板中设置色调为浅绿色，如图5-98所示。

步骤 17 在"内容2"图层的第691帧按F7键插入空白关键帧，在舞台中输入文字并打散，调整文字颜色并将其转换为"元件112"图形元件，如图5-99所示。

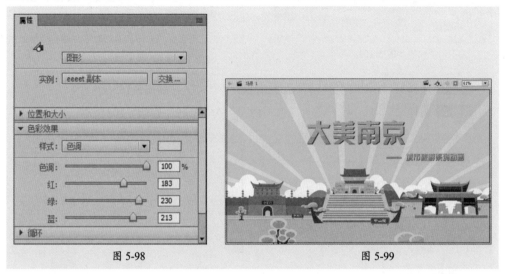

图 5-98   图 5-99

步骤 18 双击文字进入元件编辑模式，使用"矩形工具" ▇ 绘制矩形遮住第2行小字，如图5-100所示。

图 5-100

步骤 19 将4个大字、第2行的小字和矩形分别转换为元件，按Ctrl+Shift+D组合键将其分散至图层，在各个图层的第103帧按F5键插入帧，如图5-101所示。

步骤 20 选择4个大字所在的图层，在第7帧、第11帧、第14帧、第17帧按F6键插入关键帧，并创建传统补间动画，如图5-102所示。

图 5-101

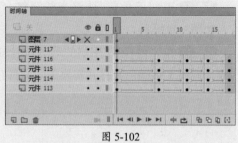

图 5-102

步骤 21 选择第1帧，向上移动"大美南京"4个大字，如图5-103所示。

步骤 22 选择第11帧，向下移动"大美南京"4个大字，如图5-104所示。

图 5-103

图 5-104

步骤 23 选择第14帧，向下移动"大美南京"4个大字，如图5-105所示。

步骤 24 选择第17帧，向上移动"大美南京"4个大字，如图5-106所示。

图 5-105

图 5-106

步骤 25 选择矩形所在的图层，在第17帧按F6键插入关键帧。选中第1帧中的矩形，使用"任意变形工具" 变形元件，如图5-107所示。

图 5-107

步骤 **26** 在矩形所在图层的第1~17帧创建形状补间动画，并将该图层转换为遮罩层，如图5-108所示。

步骤 **27** 选择各个图层的第1~17帧，向后拖动，使其按文本顺序播放，如图5-109所示。

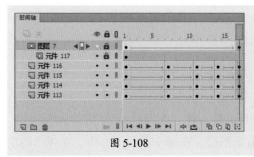

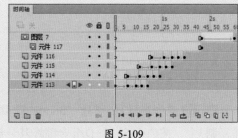

图 5-108　　　　　　　　　　　　图 5-109

4. 添加引导动画

步骤 **01** 返回场景1，按Ctrl+F8组合键，打开"创建新元件"对话框，新建"花瓣1"图像元件，使用"钢笔工具" 绘制花瓣，如图5-110所示。

步骤 **02** 在第3帧按F7键插入空白关键帧，绘制花瓣下一帧动作，如图5-111所示。

图 5-110　　　　　　　　　　　　图 5-111

步骤 **03** 在第5帧按F7键插入空白关键帧，绘制花瓣下一帧动作，如图5-112所示。

步骤 **04** 在第7帧按F7键插入空白关键帧，绘制花瓣下一帧动作，如图5-113所示。

图 5-112　　　　　　　　　　　　图 5-113

步骤 **05** 在第9帧按F7键插入空白关键帧，绘制花瓣下一帧动作，如图5-114所示。

步骤 06 在第11帧按F7键插入空白关键帧，绘制花瓣下一帧动作，如图5-115所示。在第12帧按F5键插入帧。

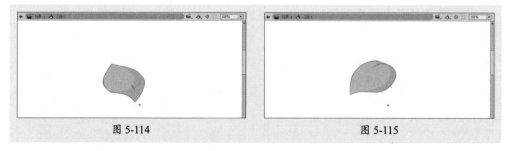

图 5-114　　　　　　　　　　　　　　　　图 5-115

步骤 07 返回场景1，新建"hua-005"图形元件，将"花瓣1"元件拖曳至舞台中，并复制3个，按Ctrl+Shift+D组合键将其分散至图层，在每个图层上右击，在弹出的快捷菜单中选择"添加传统运动引导层"命令，为每个图层添加引导层，使用"铅笔工具" 在引导层中绘制曲线，如图5-116所示。

步骤 08 将"花瓣1"元件的中心点对准相应引导层上的曲线端点，如图5-117所示。

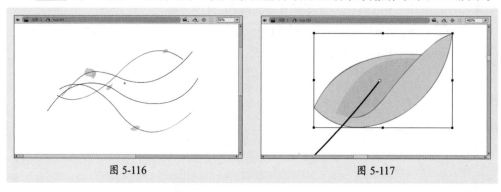

图 5-116　　　　　　　　　　　　　　　　图 5-117

步骤 09 分别在花瓣所在层的第39帧、第44帧、第48帧插入关键帧，移动花瓣至曲线另一端，在关键帧之间创建传统补间动画，制作引导动画效果，在时间轴中移动花瓣层和相应的引导层，如图5-118所示，制作出动画错开的效果。

步骤 10 返回场景1，选择"花瓣树叶"图层，选择第1帧，将新制作的"hua-005"元件拖曳至舞台合适位置，如图5-119所示。

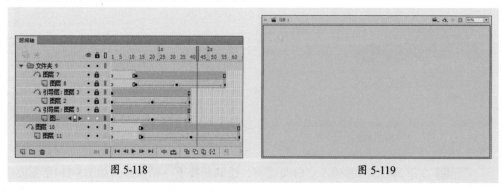

图 5-118　　　　　　　　　　　　　　　　图 5-119

步骤 **11** 在"花瓣树叶"图层第107帧，插入空白关键帧，使用相同的方法绘制树叶飘动元件，如图5-120所示。

步骤 **12** 复制树叶飘动元件至舞台合适位置，如图5-121所示。

 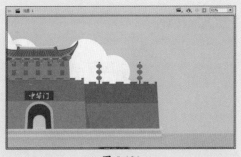

图 5-120   图 5-121

步骤 **13** 在"花瓣树叶"图层第313帧插入空白关键帧，在第315帧插入空白关键帧，将"hua-005"元件拖曳至舞台合适位置，在第736帧插入空白关键帧。在"内容1"图层的第471帧处按F6键插入关键帧，使用"钢笔工具" 绘制花瓣，并将其转换为"元件90"图形元件，将该元件放置在舞台右上角，在"属性"面板中设置其Alpha值为61%，效果如图5-122所示。

步骤 **14** 在"内容1"图层的第477帧处按F6键插入关键帧，使用"任意变形工具" 变形元件，设置其样式为无，效果如图5-123所示。

图 5-122   图 5-123

步骤 **15** 复制"内容1"图层的第471帧，在第483帧处粘贴，在第471~483帧创建传统补间动画，在第484帧插入空白关键帧，如图5-124所示。

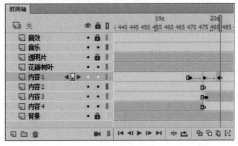

图 5-124

步骤16 复制第471~483帧至第657~670帧，如图5-125所示。

步骤17 在"花瓣树叶"图层的第805帧按F7键插入空白关键帧，使用"矩形工具"绘制与舞台大小相等的黑色矩形，如图5-126所示。

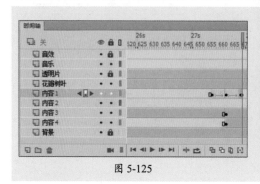

图 5-125

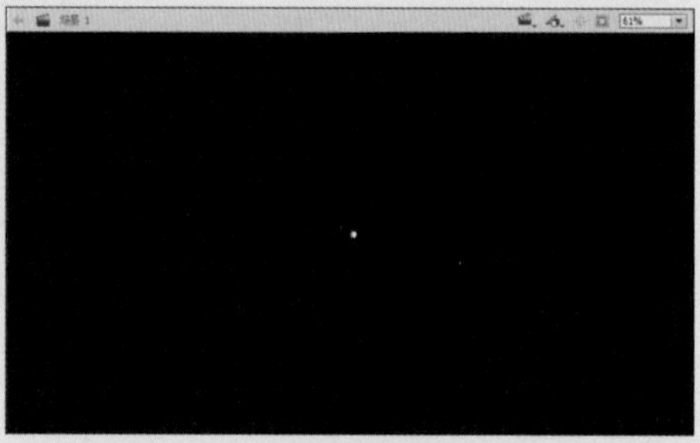

图 5-126

步骤18 在"花瓣树叶"图层的第827帧按F6键插入关键帧，选择第805帧的矩形，在"属性"面板中设置其Alpha值为0，在第805~827帧创建形状补间动画，如图5-127所示。

图 5-127

步骤19 在所有图层的第845帧按F5键插入帧。选择"音乐"图层，将"库"面板中的背景音乐拖曳至舞台，为动画添加背景音乐，在"属性"面板中设置声音同步为"数据流"，如图5-128所示。

步骤20 在"音效"图层的第691~721帧插入音效，在"属性"面板中设置声音同步为"数据流"，如图5-129所示。

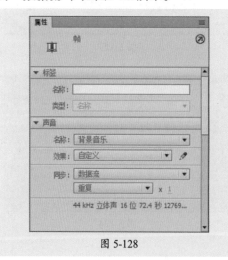

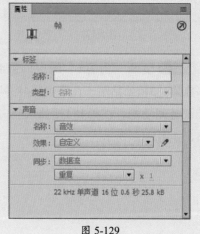

图 5-128

图 5-129

步骤 21 至此，完成城市旅游片头的制作。按Ctrl+Enter组合键测试效果，如图5-130、图5-131、图5-132所示。

图 5-130

图 5-131

图 5-132

5.1 形状补间动画 //

形状补间动画可以实现两个图形之间颜色、大小、形状和位置的相互变化，其变化的灵活性介于逐帧动画和传统补间动画之间。

5.1.1 创建形状补间动画

在一个关键帧中绘制一个形状，在另一个关键帧中更改该形状或绘制另一个形状，然后Animate软件根据二者之间的帧的值或形状来创建的动画即为形状补间动画。通过形状补间，可以创建类似于变形的动画效果。

对前后两个关键帧的形状指定属性后，在两个关键帧之间右击鼠标，在弹出的快捷菜单中选择"创建补间形状"命令即可。创建形状补间动画后，时间轴的背景色变为淡绿色，在起始帧和结束帧之间有一个长箭头，如图5-133所示。

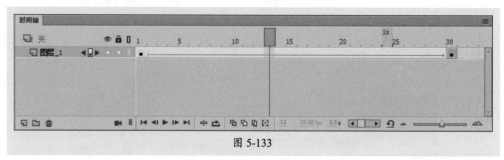

图 5-133

> 💬 **技巧点拨**
>
> 形状补间动画适用于图形对象，若想使用元件、按钮、文字等制作形状补间动画，需将其打散。

5.1.2 编辑形状补间动画

选择形状补间动画间的帧，在"属性"面板中可以对形状补间动画进行编辑，如图5-134所示。

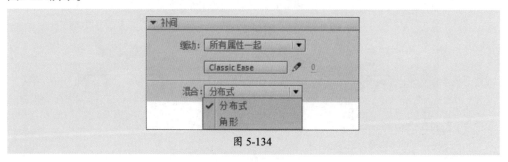

图 5-134

该区域中各选项作用如下。

1. 缓动

缓动可以设置形状对象变化的快慢趋势。取值范围在−100~100。当设置取值为0时，表示形状补间动画的形状变化是匀速的；当设置取值小于0时，表示形变对象的形状变化越来越快，数值越小，加快的趋势越明显；当设置取值大于0时，表示形变对象的形状变化越来越慢，数值越大，减慢的趋势越明显。用户既可以直接输入数值，也可以单击"编辑缓动" ✎ 按钮，打开"自定义缓动"对话框进行设置，如图5-135所示。

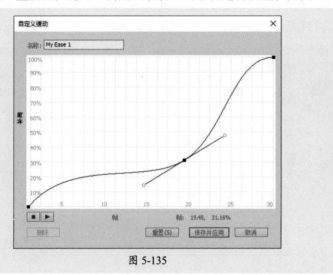

图 5-135

Animate中还提供预设好的缓动类型。单击"缓动类型" `Classic Ease` 按钮，在弹出的区域中选择合适的预设类型使用即可，如图5-136所示为预设列表。

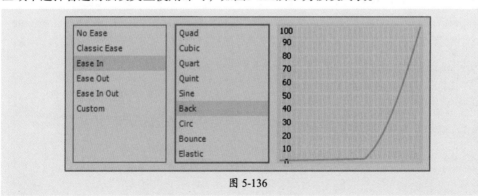

图 5-136

2. 混合

"混合"选项可以用于设置形状补间动画的变形形式，包含"分布式"和"角形"两个选项。若设置为"分布式"，表示创建的动画中间形状比较平滑；若设置为"角形"，表示创建的动画中间形状会保留明显的角和直线，适合具有锐化角度和直线的混合形状。

5.1.3 形状提示

形状提示可以通过标识起始形状和结束形状中相对应的点，控制形状补间动画中的形状变化。起始关键帧中的形状提示为黄色，结束关键帧中的形状提示为绿色，两个对应的形状提示不在一条线上时为红色。

⚊. 添加形状提示 ─────────────────────────────────────○

选择形状补间动画中的第一个关键帧，执行"修改"→"形状"→"添加形状提示"命令，或按Ctrl+Shift+H组合键，即可在该形状的某处显示为一个带有字母 a 的红色圆圈，如图5-137所示。将形状提示移动到要编辑的点，如图5-138所示。

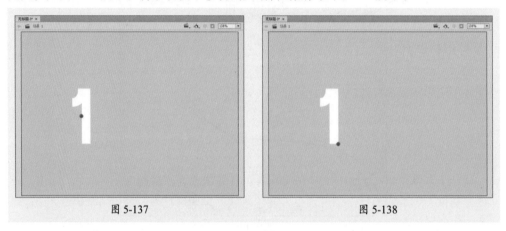

图 5-137　　　　　　　　　　　　　　　　　图 5-138

选择形状补间动画中的最后一个关键帧，在该形状的某处也会显示一个带有字母 a 的红色圆圈，如图5-139所示。将形状提示移动到与标记的第一点对应的点，该点即变为绿色，如图5-140所示。

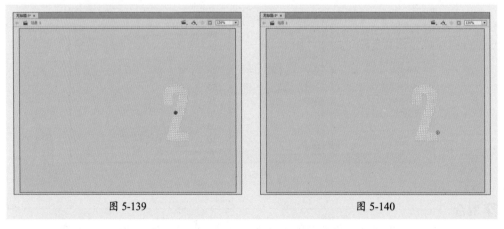

图 5-139　　　　　　　　　　　　　　　　　图 5-140

添加形状提示后，补间动画效果如图5-141、图5-142所示。

图 5-141   图 5-142

2 删除形状提示

执行"修改"→"形状"→"删除所有提示"命令，即可删除所有的形状提示。若想删除单个形状提示，选中后使其脱离舞台即可。

5.2 传统补间动画

在一个关键帧中定义一个元件的实例、组合对象或文字块的大小、颜色、位置、透明度等属性，然后在另一个关键帧中改变这些属性，系统根据两者之间帧的值创建的动画即为传统补间动画。本节将针对传统补间动画进行介绍。

5.2.1 创建传统补间动画

传统补间动画一般用于有位置变化的补间动画中。通过传统补间动画可以调整矢量图形、元件以及其他导入的素材的位置、大小、旋转、透明度等属性。创建传统补间动画的元素可以是影片剪辑、按钮、图形元件、文字、位图等，但不能是形状。

在两个关键帧之间右击鼠标，在弹出的快捷菜单中选择"创建传统补间"命令即可。传统补间动画创建完成后，时间轴的背景色变为淡紫色，在起始帧和结束帧之间有一个长箭头，如图5-143所示。

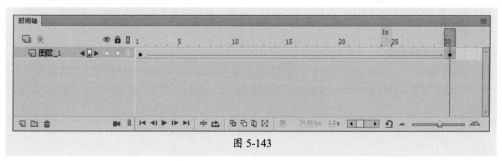

图 5-143

5.2.2 编辑传统补间动画

选择传统补间动画间的帧，在"属性"面板中可以对传统补间动画进行编辑，如图5-144所示。

图 5-144

该区域中各选项作用如下。

● **缓动**：用于设置变形运动的加速或减速。0表示变形为匀速运动，负数表示变形为加速运动，正数表示变形为减速运动。

● **旋转**：用于设置对象渐变过程中是否旋转以及旋转的方向和次数。

● **贴紧**：勾选该复选框，能够使动画自动吸附到路径上移动。

● **同步**：勾选该复选框，使图形元件的实例动画和主时间轴同步。

● **调整到路径**：用于引导层动画，勾选该复选框，可以使对象紧贴路径来移动。

● **缩放**：勾选该复选框，可以改变对象的大小。

创建传统补间动画时，若前后两个关键帧中的对象不是元件，软件会自动将其转换为"补间1""补间2"两个元件。

知识链接 　在Animate软件中，用户可以使用动画预设，节约项目设计和开发的生产时间，特别是经常使用相似类型的补间时。动画预设是预配置的补间动画，可以将它们应用于舞台上的对象。

动画预设的功能就像一种动画模板，可以直接加载到元件上，每个动画预设都包含特定数量的帧。应用预设时，在时间轴中创建的补间范围将包含此数量的帧。如果目标对象已应用了不同长度的补间，补间范围将进行调整，以符合动画预设的长度，然后在应用预设后调整时间轴中补间范围的长度。

1. 使用动画预设

执行"窗口"|"动画预设"命令，即可打开动画预设面板，如图5-145所示。动画预设一共有33项动画效果，都放置在默认预设中。任选其中一个动画后，在窗口预览中会出现相应的动画效果。

图 5-145

选中对象，选择"动画预设"面板中的动画效果，单击"应用"按钮即可为对象添加动画预设效果。每个对象只能应用一个预设。如果将第二个预设应用于相同的对象，则第二个预设将替换第一个预设。

2. 自定义动画预设

用户可以根据需要创建并保存自己的自定义预设，也可以修改现有的动画预设并另存为新的动画预设，在动画预设面板中的自定义预设文件夹中将显示新的动画预设效果。

选择需要另存为动画预设的时间轴中的补间范围，单击动画预设面板中的"将选区另存为预设" 按钮，打开"将预设另存为"对话框，设置预设名称，如图5-146所示。完成后单击"确定"按钮，新预设将显示在动画预设面板中，如图5-147所示。

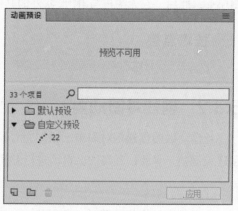

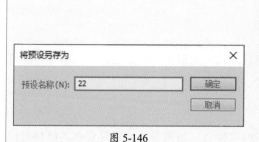

图 5-146   图 5-147

动画预设只能包含补间动画。传统补间不能保存为动画预设。

5.3 骨骼动画 //

骨骼动画又被称为反向运动（IK）动画，它是一种利用骨骼的关节结构对一个对象或彼此相关的一组对象进行动画处理的方法，常用于制作人物动画、机械运动等。骨骼动画的操作对象既可以是形状，也可以是元件。下面将针对骨骼动画的知识进行介绍。

5.3.1 骨骼动画的原理

骨骼动画中的骨骼按父子关系链接成线性或枝状的骨架。当一个骨骼移动时，与其连接的骨骼也发生相应的移动。

添加骨骼的方式有两种，分别是向元件添加骨骼和向形状添加骨骼。

1. 向元件添加骨骼 ───

向影片剪辑、图形或按钮元件实例添加骨骼时，会创建一个链接实例链，将每个实例与其他实例连接在一起，用骨骼关节连接一系列的元件实例，骨骼允许这些连接起来的元件实例一起运动。

> 💬 **技巧点拨**
>
> 在链接时，需要考虑清楚要创建的父子关系。

2. 向形状添加骨骼 ───

向形状添加骨骼时，可以通过骨骼移动形状的各个部分实现动画效果。这样操作的优势在于无须绘制运动中该形状的不同状态，也无须使用补间形状来创建动画。添加骨骼后，Animate会将所有的形状和骨骼转换为 IK 形状对象，并将该对象移动到新的姿势图层上，此后，它无法再与 IK 形状外的其他形状合并。

> 💬 **技巧点拨**
>
> 添加第一个骨骼之前必须选择要对应的所有形状。

5.3.2 创建骨骼动画

骨骼动画的创建相对简单。添加完骨骼后，只需向姿势图层添加帧并调整骨架即可创建关键帧，骨骼位置属性会自动进行补间。

1. 元件骨骼动画 ───

向元件实例添加骨骼时，会创建一个链接实例链。根据需要，元件实例的链接可以是一个简单的线性链或分支结构。在添加骨骼之前，元件实例可以在不同的图层上。

打开本章素材文件，选择工具箱中的"骨骼工具" 🦴，在要设置为骨骼的元件实例上单击并拖曳鼠标，即可在单击的位置创建骨骼，如图5-148所示。拖曳鼠标至另一个元件实例，在想要添加骨骼的点处松开鼠标，即可向该骨架添加其他骨骼，如图5-149所示。

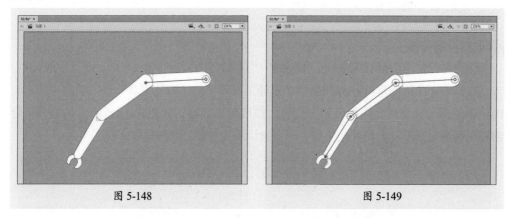

图 5-148　　　　　　　　　　　　　图 5-149

创建完骨架后，使用"选择工具" ▶ 移动骨骼即可使链接起来的元件实例一起运动，如图5-150、图5-151所示。

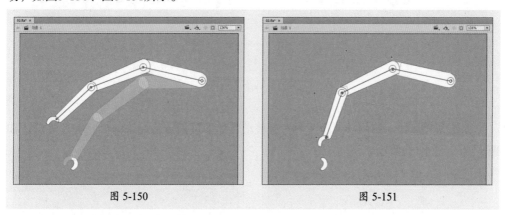

图 5-150　　　　　　　　　　　　　图 5-151

若要创建分支骨架，则应单击分支开始的现有骨骼的头部，然后进行拖动以创建新分支的第一个骨骼，如图5-152所示。拖动骨骼或实例自身，即可调整已完成骨架的元素的位置，如图5-153所示。

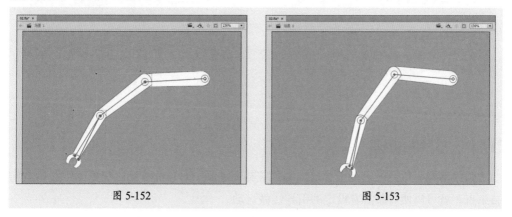

图 5-152　　　　　　　　　　　　　图 5-153

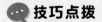

技巧点拨

分支不能连接到其他分支（其根部除外）。

2. 形状骨骼动画

用户可以向单个形状内或同一图层的一组形状添加多个骨骼。

在舞台上中绘制形状并将其选中，选择工具箱中的"骨骼工具" ，在选中的形状内单击并拖动到该形状内的另一个位置，即可创建骨骼，如图5-154所示。从第一个骨骼的尾部拖曳到形状内的其他位置，可以继续添加骨骼，如图5-155所示。

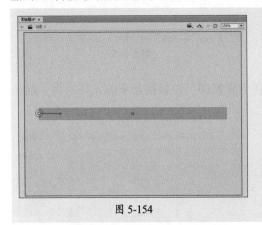
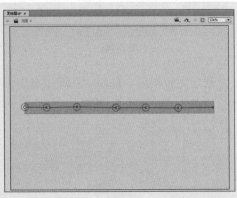

| 图 5-154 | 图 5-155 |

创建完骨架后，使用"选择工具" 移动骨骼即可使链接起来的形状一起运动，如图5-156、图5-157所示。

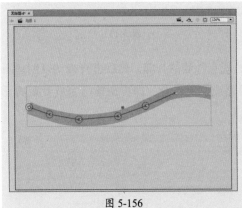
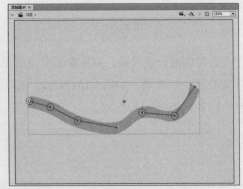

| 图 5-156 | 图 5-157 |

5.4 引导动画

引导动画可以通过运动引导层控制传统补间动画中对象的移动。只要固定起始点和结束点，就可以使对象沿着设定的引导线做运动。

5.4.1　引导动画原理

引导层和被引导层是制作引导动画的必须图层。引导层位于被引导层的上方，在引导层中绘制对象的运动路径。引导层是一种特殊的图层，在影片中起辅助作用。引导层不会导出，因此不会显示在发布的SWF格式的文件中，而与之相连接的被引导层则沿着引导层中的路径运动。

要注意的是，引导层是用来指示对象运行路径的，必须是打散的图形。路径不要出现太多交叉点。被引导层中的对象必须依附在引导线上，即在动画的开始和结束帧上，让元件实例的变形中心点吸附到引导线上。

5.4.2　引导动画的创建

引导动画属于传统补间动画的一种，可以使一个或多个元件沿引导线做出复杂的运动效果。本小节将针对引导动画的创建进行介绍。

1. 创建引导动画的要求

路径和在路径上运动的对象是创建引导层动画必须具备的两个条件。一条路径上可以有多个对象运动，引导路径都是一些静态线条，在播放动画时路径线条不会显示。

引导动画最基本的操作就是使一个运动动画附着在引导线上，所以操作时要特别注意引导线的两端，被引导的对象起始点、终点的两个中心点一定要对准引导线的两个端头。

2. 创建引导动画

选中要添加引导层的图层，右击鼠标，在弹出的快捷菜单中选择"添加传统运动引导层"命令，即可在选中图层的上方添加引导层，如图5-158所示。在该图层上绘制路径，并调整被引导层中的对象中心点在起始点和终点都在引导线上即可。

图 5-158

创建引导动画的完整操作步骤如下。

步骤01 新建空白文档，导入素材文件，如图5-159所示。

步骤02 单击"时间轴"面板中的"新建图层"按钮，新建图层，导入素材文件，如图5-160所示。

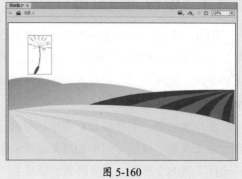

图 5-159

图 5-160

步骤 03 选中图层2中的素材文件，按F8键打开"转换为元件"对话框，在该对话框中设置参数，将其转换为图形元件，如图5-161所示。

步骤 04 选中图层2，右击鼠标，在弹出的快捷菜单中选择"添加传统运动引导层"命令，新建引导层，使用"画笔工具" 在引导层中绘制路径，如图5-162所示。

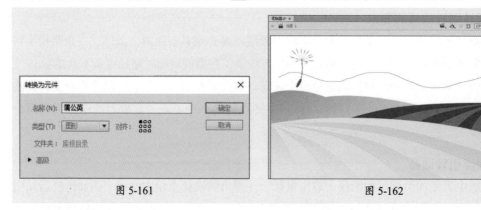

图 5-161

图 5-162

步骤 05 选中画板中的元件，使其中心位于路径起始处，并调整元件角度，如图5-163所示。

步骤 06 选中所有图层第30帧，按F6键插入关键帧，移动画板中的元件至路径末端，并调整其大小与角度，如图5-164所示。

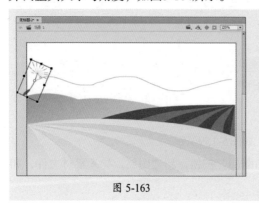

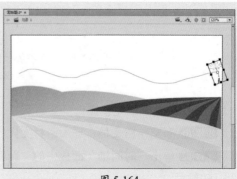

图 5-163

图 5-164

步骤 07 选择元件所在图层第1~30帧的任意帧，右击鼠标，在弹出的快捷菜单中选择"创建传统补间"命令，创建传统补间动画，如图5-165所示。

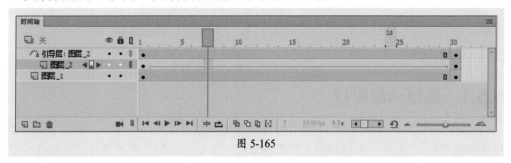

图 5-165

步骤 08 选择补间动画中的任意帧，在"属性"面板中勾选"调整到路径"复选框，如图5-166所示。

步骤 09 至此，完成引导动画的创建。按Ctrl+Enter组合键测试效果，如图5-167、图5-168、图5-169所示。

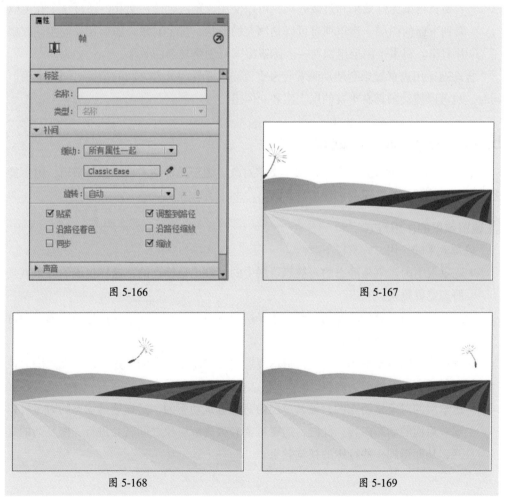

图 5-166

图 5-167

图 5-168

图 5-169

5.5 遮罩动画 //

遮罩动画通过遮罩层和被遮罩层实现，是一种很重要的动画类型。用户可以使用遮罩层来显示下方图层中图片或图形的部分区域。"遮罩层"只有一个，但"被遮罩层"可以有多个。

5.5.1 遮罩动画原理

遮罩动画的制作原理是通过遮罩图层来决定被遮罩层中的显示内容，这与Photoshop中的蒙版类似。"遮罩"可以作用在整个场景或一个特定区域，使场景外的对象或特定区域外的对象不可见，也可以遮罩住某一元件的一部分，从而实现一些特殊的效果。

在制作遮罩层动画时，应注意以下3点。

- 若要创建遮罩层，请将遮罩项目放在要用作遮罩的图层上。
- 若要创建动态效果，可以让遮罩层动起来。
- 若要获得聚光灯效果和过渡效果，可以使用遮罩层创建一个孔，通过这个孔可以看到下面的图层。遮罩项目可以是填充的形状、文字对象、图形元件的实例或影片剪辑。将多个图层组织在一个遮罩层下可创建复杂的效果。

合理地运用遮罩效果会使动画看起来更流畅、元件与元件之间的衔接时间更准确。同时，也可以使动画具有丰富的层次感和立体感。

5.5.2 遮罩动画的创建

遮罩层的内容可以是填充的形状、文字对象、图形元件的实例或影片剪辑，但不能是直线。下面将针对遮罩的创建进行介绍。

1. 遮罩效果的作用方式 ─────────────────────────────────○

遮罩效果的作用方式有以下4种。

- 遮罩层中的对象是静态的，被遮罩层中的对象也是静态的，这样生成的效果就是静态遮罩效果。
- 遮罩层中的对象是静态的，而被遮罩层的对象是动态的，这样透过静态的对象可以观看后面的动态内容。
- 遮罩层中的对象是动态的，而被遮罩层中的对象是静态的，这样透过动态的对象可以观看后面静态的内容。
- 遮罩层的对象是动态的，被遮罩层的对象也是动态的，这样透过动态的对象可以观看后面的动态内容。此时，遮罩对象和被遮罩对象之间就会进行一些复杂的交互，从而得到一些特殊的视觉效果。

2. 创建遮罩动画

动画中的遮罩层是由普通图层转换的。用户在需要转换为遮罩层的图层上右击鼠标，在弹出的快捷菜单中选择"遮罩层"命令，即可将该图层转换成遮罩层。

转换成遮罩层后，该图层图标就会从普通层图标 █ 变为遮罩层图标 ▣，系统也会自动将遮罩层下面的一层关联为"被遮罩层"，在缩进的同时图标变为 ▣，如图5-170所示。

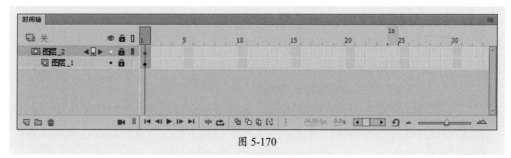

图 5-170

若需要关联更多层被遮罩，只要把这些层拖至被遮罩层下面或者将图层属性类型改为被遮罩即可。如图5-171、图5-172所示为遮罩前后效果。

图 5-171

图 5-172

💬 技巧点拨

解锁"时间轴"面板中的遮罩层或被遮罩层即可解除遮罩。若需要对两个图层中的内容进行编辑，可将其解除锁定，编辑结束后再将其锁定。

读 书 笔 记

自己练／制作院校宣传片头

案例路径 云盘＼实例文件＼第5章＼自己练＼制作院校宣传片头

项目背景 随着招生季的到来，各院校为招生各显神通。受某学校动画学院委托，为其制作一段院校宣传片的片头，以更好地宣传学院特色，吸引学生报考。该动画学院为学校的王牌专业，师资力量雄厚。

项目要求 ①片头以动画形式制作。

②展示校园景色。

③尺寸为1280像素×720像素。

项目分析 通过校区主楼和一些副楼、建筑剪影出现的动画体现校区规模，增加动画的趣味性；添加植物，提亮画面；添加花瓣引导动画进行点缀，丰富画面效果，整体风格贴近自然。其效果如图5-173、图5-174所示。

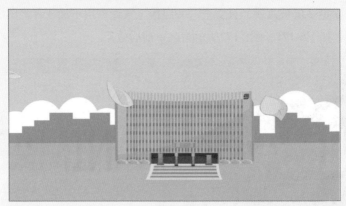

图 5-173

图 5-174

课时安排 3课时。

第 **6** 章

制作多媒体动画

——音视频应用详解

本章概述

　　声音和视频等元素可以使动画效果更加生动。本章主要针对音视频文件的格式、导入方式以编辑方式进行介绍。通过本章节的学习，可以帮助读者更好地处理导入的音视频文件。

要点难点

● 声音的导入　★☆☆
● 声音的编辑　★★☆
● 视频的导入　★★★
● 视频的编辑处理　★★☆

跟我学 / 制作视频播放效果

学习目标 本案例将练习制作视频播放效果。使用导入视频命令导入视频，通过播放组件控制视频的播放，添加音频，使视频更加生动。通过本实例，可以帮助用户了解导入音频、视频的方法，学会编辑导入的多媒体文件。

案例路径 云盘 \ 实例文件 \ 第6章 \ 跟我学 \ 制作视频播放效果

步骤 01 新建一个尺寸为1280*720的空白文档。执行"文件" | "导入" | "导入视频"命令，打开"导入视频"对话框，如图6-1所示。

步骤 02 选中"使用播放组件加载外部视频"选项，单击"浏览"按钮，打开"打开"对话框，选择要打开的素材文件，如图6-2所示。

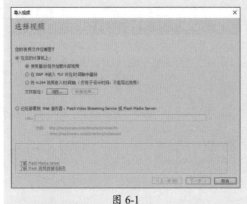

图 6-1 图 6-2

步骤 03 单击"打开"按钮，返回至"导入视频"对话框，单击"下一步"按钮，设定外观，如图6-3所示。

步骤 04 外观设定完成后，单击"下一步"按钮，完成视频导入，如图6-4所示。

图 6-3 图 6-4

步骤 05 单击"完成"按钮，即可完成视频导入，如图6-5所示。

步骤 06 修改"图层1"名称为"视频"，在第456帧按F5键插入帧，如图6-6所示。

图 6-5   图 6-6

步骤 07 执行"文件"|"导入"|"导入到库"命令，打开"导入到库"对话框，在该对话框中选择音频文件，如图6-7所示。

步骤 08 单击"打开"按钮，即可将选中的音频素材导入至"库"面板中，如图6-8所示。

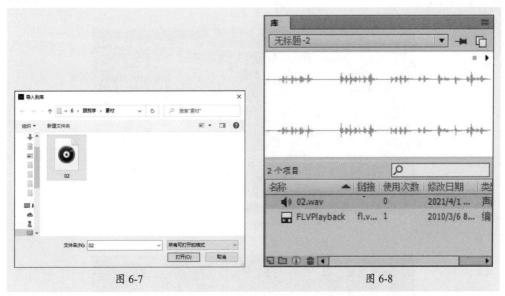

图 6-7   图 6-8

步骤 09 在"背景"图层上方新建"音频"图层，选中其第一帧，从"库"面板中拖曳音频素材至舞台中，即可添加音频素材。选中"音频"图层第1~456帧的任意帧，在"属性"面板中单击"编辑声音封套"按钮 ✐，打开"编辑封套"对话框，如图6-9所示。

步骤 10 在"编辑封套"对话框中设置封套效果，如图6-10所示。

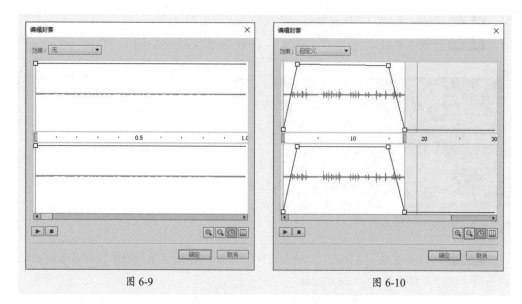

图 6-9   图 6-10

步骤 11 完成后单击"确定"按钮。至此，完成视频播放效果的制作，按Ctrl+Enter组合键测试效果，如图6-11、图6-12所示。

图 6-11

图 6-12

听 我 讲 ▶ Listen to me

6.1 音频的应用

为制作的影片添加音频,可以使其更具感染力。用户可以导入音频素材进行添加,也可以在Animate软件中对添加的音频素材进行编辑调整后再应用。本节将针对音频的应用进行介绍。

6.1.1 音频文件的类型

Animate软件中支持两种声音类型:事件声音和流声音。下面将分别介绍这两种声音类型的特点及应用。

1. 事件声音

事件声音必须完全下载后才能播放,一旦开始播放,将一直连续播放。关于事件声音需注意以下3点。

- 事件声音必须在播放之前完全下载。重复播放的声音,不必再次下载。
- 不论动画是否发生变化,事件声音都会独立地把声音播放完毕。有时会干扰动画的播放质量,不能实现与动画同步播放。
- 事件声音不论长短,都只能插入到一个帧中去。

2. 流声音

流声音与动画保持同步播放,只需要下载前几帧就可以开始播放。流声音依附在帧上,随着动画的播放而播放,随着动画的结束而结束。即使导入的声音文件还没有播完,也将停止播放。

在Animate软件中,关于流声音需要注意以下两点。

- 流声音可以边下载边播放,所以不必担心出现因声音文件过大而导致下载过长的现象。
- 流声音只能在它所在的帧中播放。

6.1.2 为对象导入声音

导入音频素材的方式和其他素材类似。执行"文件"|"导入"|"导入到库"命令,打开"导入到库"对话框,从中选择音频文件,单击"打开"按钮,即可将音频文件导入至"库"面板中,如图6-13所示。音频素材左侧会有一个 🔊 标志。

图 6-13

选择"库"面板中的音频素材，将其拖曳至舞台中即可将其添加至当前图层中。

知识链接　　　　Animate软件支持的声音格式包括MP3格式、WAV格式、AIFF格式等。下面将对常用的音频格式进行介绍。

1. MP3格式

MP3是使用最为广泛的一种数字音频格式。它利用MPEG Audio Layer 3 的技术，将音乐以1：10 甚至 1：12 的压缩率，压缩成容量较小的文件，即能够在音质丢失很小的情况下使文件更小。虽然MP3经过了破坏性的压缩，但是其音质仍然大体接近CD的水平。

MP3格式有以下4个特点。

- MP3是一个数据压缩格式。
- 它丢弃掉脉冲编码调制（PCM）音频数据中对人类听觉不重要的数据（类似于JPEG是一种有损图像压缩），从而形成小得多的文件。
- MP3音频可以按照不同的位速进行压缩，提供了在数据大小和声音质量之间进行权衡的一个范围。MP3格式使用了混合的转换机制将时域信号转换成频域信号。
- MP3不仅有广泛的用户端软件支持，也有很多的硬件支持，比如便携式媒体播放器（指MP3播放器）、DVD和CD播放器等。

2. WAV格式

WAV为微软公司（Microsoft）开发的一种声音文件格式，是录音时用的标准的Windows文件格式，文件的扩展名为"WAV"，数据本身的格式为PCM或压缩型，属于无损音乐格式的一种。

WAV文件使用采样位数、采样频率和声道数三个参数来表示声音，是最经典的Windows多媒体音频格式，应用非常广泛。

WAV音频格式的编/解码简单（几乎直接存储来自模/数转换器（ADC）的信号），受到普遍的认同/支持，可以做到无损耗存储。但是WAV格式需要音频存储空间，对于小的存储限制或小带宽应用而言，这个问题比较重要。因此，在Animate MTV中并没有得到广泛的应用。

3.AIFF格式

AIFF是音频交换文件格式（Audio Interchange File Format）的英文缩写，是Apple公司开发的一种声音文件格式，被Macintosh平台及其应用程序所支持。AIFF是Apple苹果计算机上面的标准音频格式，属于QuickTime技术的一部分。

AIFF应用于个人计算机及其他电子音响设备以存储音乐数据，支持ACE2、ACE8、MAC3和MAC6压缩，支持16位44.1kHz立体声。

6.1.3 在Animate中编辑声音

添加完声音后，可以在"声音属性"对话框、"属性"面板和"编辑封套"对话框中处理声音效果，如剪裁、改变音量和使用Animate预置的多种声效对声音进行设置等。下面将针对声音的编辑进行介绍。

1. 设置声音属性

在"声音属性"对话框中可以对导入声音的属性等进行设置。打开"声音属性"对话框有以下3种方法。

● 在"库"面板中选择音频文件，双击其名称前的 图标。

● 在"库"面板中选择音频文件，右击鼠标，在弹出的快捷菜单中选择"属性"命令。

● 在"库"面板中选择音频文件，单击面板底部的"属性"按钮 。

如图6-14所示为打开的"声音属性"对话框。

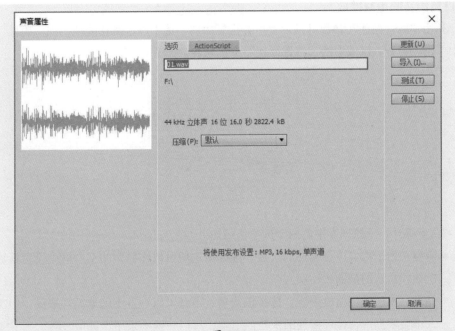

图 6-14

2. 设置声音的同步方式

利用"同步"参数可以设置声音与动画是否进行同步播放。选中声音所在的帧，在"属性"面板中单击"声音"区域中的"同步"下拉列表，如图6-15所示。

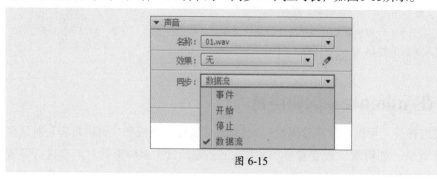

图 6-15

"同步"下拉列表框中各选项作用如下。

- **事件：** Animate默认选项，选择该选项，必须等声音全部下载完毕后才能播放动画。声音开始播放，并独立于时间轴播放完整的声音，即使影片停止也继续播放。一般在不需要控制声音播放的动画中使用。
- **开始：** 该选项与"事件"选项的功能近似，若选择的声音实例已在时间轴上的其他地方播放过了，Animate将不会再播放该实例。
- **停止：** 可以使正在播放的声音文件停止。
- **数据流：** 将使动画与声音同步，以便在Web站点上播放。

3. 设置声音的重复播放

利用"声音循环"参数可以设置声音重复播放。选中声音所在的帧，在"属性"面板中单击"声音"区域中的"声音循环"下拉列表，如图6-16所示。

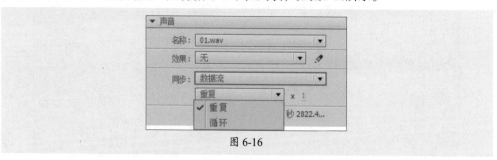

图 6-16

"声音循环"下拉列表中的两个选项作用如下。

- **重复：** 用于指定声音循环的次数。选择该选项可以在右侧的文本框中设置播放的次数，默认的是播放一次。
- **循环：** 用于循环播放声音。选择该选项，声音可以一直不停地循环播放，但文件大小会根据声音循环播放的次数而倍增，所以一般不采用该选项。

4. 设置声音的效果

　　用户可以根据需要在"属性"面板中选择不同的声音效果。单击"属性"面板中"声音"区域中的"效果"下拉列表，如图6-17所示。

　　"效果"下拉列表框中各选项作用如下。

- **无：** 不使用任何效果。
- **左声道/右声道：** 只在左声道或者右声道播放音频。
- **向右淡出：** 声音从左声道传到右声道。
- **向左淡出：** 声音从右声道传到左声道。
- **淡入：** 表示在声音的持续时间内逐渐增大声强。
- **淡出：** 表示在声音的持续时间内逐渐减小声强。
- **自定义：** 选择该选项将打开"编辑封套"对话框，如图6-18所示。在该对话框中可以对音频进行编辑，得到需要的效果。

图 6-17

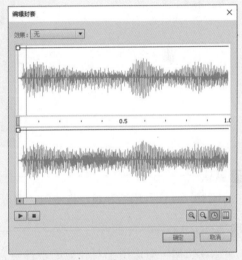

图 6-18

　　"编辑封套"对话框分为上下两个编辑区，上方代表左声道波形编辑区，下方代表右声道编辑区。在每一个编辑区的上方都有一条带有小方块的控制线，用户可以通过控制线调整声音的淡出、淡入等，也可以对声音进行裁切。

　　"编辑封套"对话框中各选项作用如下。

- **效果：** 在该下拉列表框中用户可以设置声音的播放效果。
- **"播放声音"▶按钮和"停止声音"按钮■：** 用于播放或暂停编辑后的声音。
- **放大◉和缩小◉：** 单击这两个按钮，可以使显示窗口内的声音波形在水平方向放大和缩小。
- **秒◉和帧▥：** 单击这两个按钮，可以在秒和帧之间切换时间单位。
- **灰色控制条▮：** 拖动上下声音波形之间刻度栏内的灰色控制条，可截取声音片段。

6.1.4 在Animate中优化声音

通过"声音属性"对话框，可以优化与压缩声音，使声音品质和文件大小达到最佳平衡。"声音属性"对话框的"压缩"下拉列表框中包含"默认""ADPCM""MP3""Raw"和"语音"5个选项，如图6-19所示。下面将对这5个选项进行介绍。

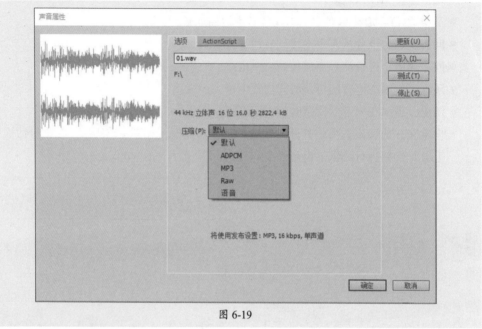

图 6-19

1. 默认

选择"默认"压缩方式，将使用"发布设置"对话框中的默认声音压缩设置。

2. ADPCM

ADPCM压缩适用于对较短的事件声音进行压缩，如鼠标点击音等。选择该选项后，会在"压缩"下拉列表框的下方出现有关ADPCM压缩的设置选项，用户可以根据需要设置声音属性，如图6-20所示。

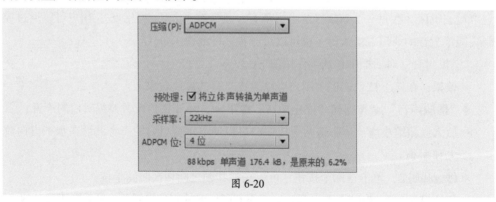

图 6-20

其中，各主要选项作用如下。

（1）预处理。

勾选"将立体声转换为单声道"复选框，会将混合立体声转换为单声道，而原始声音为单声道则不受此选项影响。

（2）采样率。

采样率的大小关系到音频文件的大小，适当调整采样率既能增强音频效果，又能减少文件的大小。较低的采样率可减小文件，但也会降低声音品质。Animate不能提高导入声音的采样率。

"采样率"下拉列表中各选项含义如下。

● 5 kHz的采样率仅能达到一般声音的质量，例如电话、人的讲话简单声音。

● 11 kHz的采样率是一般音乐的质量，是CD音质的1/4。

● 22 kHz 采样率的声音可以达到CD音质的一半，一般都选用这样的采样率。

● 44 kHz的采样率是标准的CD音质，可以达到很好的听觉效果。

（3）ADPCM位。

在下拉列表框中选择2～5位的选项，可以调整文件的大小。

3. MP3

MP3压缩一般用于压缩较长的流式声音，它的最大特点就是接近于CD的音质。选择该选项，会在"压缩"下拉列表框的下方出现有关MP3压缩的设置选项，用户可以根据需要设置声音属性，如图6-21所示。

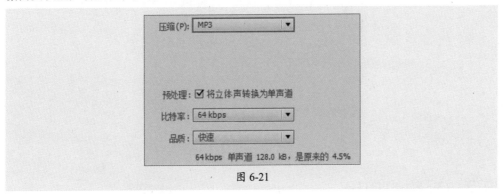

图 6-21

其中，各主要选项作用如下。

（1）比特率。

用于决定导出的声音文件每秒播放的位数。导出声音时，需要将比特率设为64 kbps或更高，以获得最佳效果，比特率的范围为8～160kbps。

（2）品质。

可以根据压缩文件的需求，进行适当的选择。在该下拉列表框中包含"快速""中"和"最佳"3个选项。

4. Raw

如果选择"Raw"选项，则在导出动画时不会压缩声音。选择该选项后，会在"压缩"下拉列表框的下方出现有关原始压缩的设置选项，如图6-22所示。

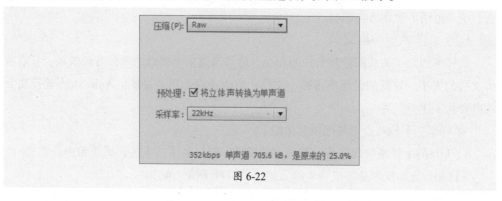

图 6-22

设置"压缩"类型为"Raw"方式后，只需要设置采样率和预处理，具体设置与ADPCM压缩设置相同。

5. 语音

"语音"压缩选项适合于语音。选择该选项后，会在"压缩"下拉列表框的下方出现有关语音压缩的设置选项，如图6-23所示。只需要设置预处理和采样率即可。

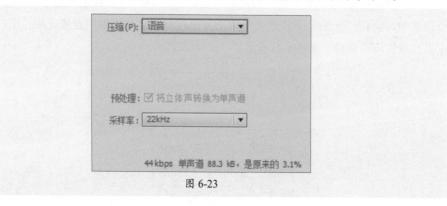

图 6-23

6.2 视频的应用

导入外部视频素材，可以丰富动画效果。用户可以对导入的视频进行裁剪、控制播放进程等操作，但不能对视频的内容进行修改。本小节将针对视频的应用进行介绍。

6.2.1 视频文件的类型

Animate可以将视频镜头融入基于Web的演示文稿。导入Animate软件的视频必须以FLV或H.264格式编码。FLV 和 F4V (H.264) 视频格式具有技术和创意优势，允许用户将视频和数据、图形、声音和交互式控件融合在一起。

在导入时，"视频导入"对话框会对导入的视频文件进行检查，若不是Animate可以播放的格式，将进行提醒。

6.2.2　导入视频文件

执行"文件"｜"导入"｜"导入视频"命令，即可打开"导入视频"对话框，如图6-24所示。

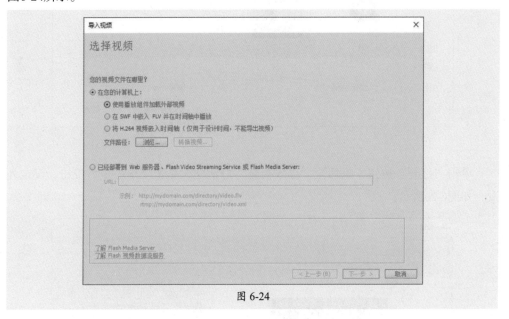

图 6-24

"导入视频"对话框中3个视频导入选项作用分别如下。

● **使用播放组件加载外部视频**：导入视频并创建 FLVPlayback组件的实例以控制视频回放。将Animate文档作为SWF发布并将其上传到Web服务器时，必须将视频文件上传到Web服务器或Animate Media Server，并按照已上传视频文件的位置配置FLVPlayback组件。

● **在SWF中嵌入FLV并在时间轴中播放**：该选项可将FLV嵌入Animate文档中。这样导入视频时，该视频放置于时间轴中可以看到时间轴帧所表示的各个视频帧的位置。嵌入的FLV视频文件成为Animate文档的一部分。该选项可以使此视频文件与舞台上的其他元素同步，但是也可能会出现声音不同步的问题，同时SWF的文件大小会增加。一般来说，品质越高，文件的大小也就越大。

● **将H.264视频嵌入时间轴（仅用于设计时间，不能导出视频）**：该选项可将H.264视频嵌入Animate文档中。使用此选项导入视频时，为了使用视频作为设计阶段制作动画的参考，可以将视频放置在舞台上。在拖曳或播放时间轴时，视频中的帧将呈现在舞台上，相关帧的音频也将播放。

保持默认选项，单击"浏览"按钮，打开"打开"对话框，在该对话框中选择要导入的视频素材，如图6-25所示。

图 6-25

单击"打开"按钮，返回至"导入视频"对话框，单击"下一步"按钮，设定外观，如图6-26所示。

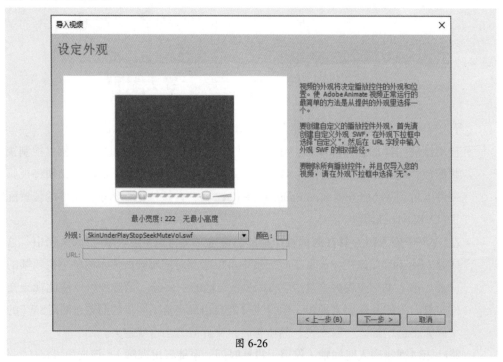

图 6-26

外观设定完成后，单击"下一步"按钮，完成视频导入，如图6-27所示。

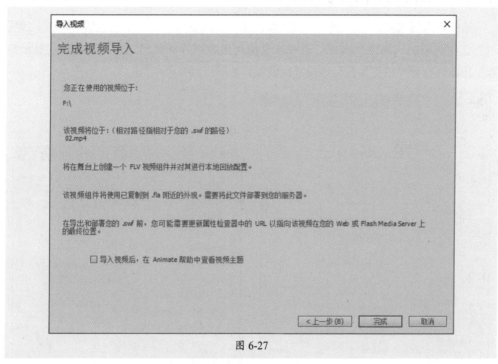

图 6-27

单击"完成"按钮，即可在舞台中看到导入的视频，调整大小后效果如图6-28所示。按Ctrl+Enter组合键即可测试播放。

图 6-28

6.2.3　处理导入的视频

选择导入的视频素材，在"属性"面板中可以对视频的属性进行设置。如图6-29所示为选中视频的"属性"面板。若视频是使用播放组件加载的，还可以单击"显示参数"按钮，打开"组件参数"面板进行设置，如图6-30所示。

图 6-29　　　　　　　　　　　　　　　　　　　图 6-30

读　书　笔　记

自己练 / 制作歌曲播放动画

案例路径 云盘 \ 实例文件 \ 第6章 \ 自己练 \ 制作歌曲播放动画

项目背景 值悦耳音乐公司成立十周年之际，经公司高层会议批准，对公司企业标志、网站等进行改版，以符合时代发展需要。现受该公司委托，为其公司主页制作一个歌曲播放动画，体现音乐特色，更好地宣传企业形象。

项目要求 ①通过按钮控制音频的播放。

②需要体现声音的起伏感。

③尺寸为600像素×375像素。

项目分析 黄色是一种充满希望与活力的颜色，选择黄色音乐背景，给观者带来轻松愉悦的心情；添加波动的音符效果，制作出简单但是有力量的感觉，通过代码控制音频的播放，操作方便简单。效果如图6-31、图6-32所示。

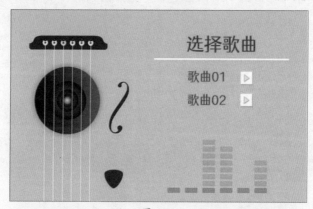

图 6-31

图 6-32

课时安排 2课时。

Animate

第 **7** 章

制作问卷调查表
——组件应用详解

本章概述

　　使用组件可以很方便地制作简单的交互动画。本章节将针对Animate中的组件进行介绍，包括常见的组件、使用组件的方式等。通过本章节的学习，可以帮助读者学会如何利用组件，提高工作效率。

要点难点

- 认识组件及其类型 ★★☆
- 复选框组件 ★★☆
- 列表框组件 ★★☆
- 下拉列表框组件 ★★☆
- 滚动条组件 ★★☆

跟我学 制作问卷调查表

学习目标 本实例将练习制作问卷调查表。组件是一种非常适用制作调查表的工具，使用组件，可以轻松制作出调查表中的单选题、多选题以及问答等。通过本实例，可以帮助用户了解添加组件的方式，学会应用组件、编辑组件，了解"动作"面板的使用。

案例路径 云盘\实例文件\第7章\跟我学\制作问卷调查表

步骤01 新建一个尺寸为600*400的空白文档，按Ctrl+R组合键导入本章素材文件，调整至合适大小和位置，如图7-1所示。设置"图层1"名称为"背景"，在第2帧按F6键插入关键帧，然后锁定该图层。

步骤02 在"背景"图层上方新建"问题"图层，使用"文字工具"在舞台中合适位置单击并输入文字，文字字体系列为"站酷快乐体2016修订版"，字号分别为27磅和14磅，效果如图7-2所示。

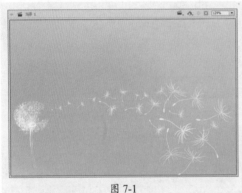

图 7-1

图 7-2

步骤03 在"问题"图层第2帧按F7键插入空白关键帧，在合适位置输入文字，如图7-3所示。

步骤04 在"问题"图层上方新建"组件"图层，执行"窗口"|"组件"命令，打开"组件"面板，选中RadioButton组件拖曳至舞台中合适位置，如图7-4所示。

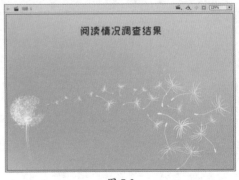

图 7-3

步骤 05 选中添加的RadioButton组件，在"属性"面板中单击"显示参数"按钮，打开"组件参数"面板，设置groupName为like，label为"喜欢"，勾选selected复选框，设置value值与label值一致，如图7-5所示。

图 7-4   图 7-5

步骤 06 调整后效果如图7-6所示。在"属性"面板中设置该实例名称为"_like"。

步骤 07 使用相同的方法，添加RadioButton组件，在"属性"面板中设置实例名称为"_commonly"，并打开"组件参数"面板设置参数，如图7-7所示。

图 7-6   图 7-7

步骤 08 使用相同的方法，添加RadioButton组件，在"属性"面板中设置实例名称为"_dislike"，并打开"组件参数"面板设置参数，如图7-8所示。

图 7-8

167

步骤09 使用相同的方法，在第2个问题下方添加4个RadioButton组件，实例名称依次设置为"_h1""_h2""_h3"和"_h4"，在"组件参数"面板中设置groupName为time，并设置label值和value值，效果如图7-9所示。

步骤10 选择"组件"面板中的ComboBox组件拖曳至第3个问题下方，使用"任意变形工具" ▦ 变形组件，如图7-10所示。

图 7-9

图 7-10

步骤11 选中ComboBox组件，在"属性"面板中设置实例名称为"_type"，在"组件参数"面板中单击dataProvider右侧的 ✎ 按钮，打开"值"对话框，单击 ➕ 按钮添加值，并设置参数，如图7-11所示。

步骤12 完成后单击"确定"按钮，返回"组件参数"面板设置参数，如图7-12所示。

图 7-11

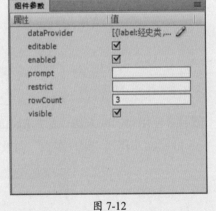

图 7-12

步骤13 使用相同的方法，在第4个问题下方添加ComboBox组件，在"属性"面板中设置实例名称为"_way"，在"组件参数"面板中单击dataProvider右侧的 ✎ 按钮，打开"值"对话框，单击 ➕ 按钮添加值，并设置参数，如图7-13所示。

步骤14 完成后单击"确定"按钮，返回"组件参数"面板设置参数，如图7-14所示。

图 7-13   图 7-14

步骤 15 选择"组件"面板中的TextInput组件拖曳至第5个问题下方，使用"任意变形工具" ▦ 变形组件，如图7-15所示。

步骤 16 选中添加的TextInput组件，在"属性"面板中设置实例名称为" _name"，在"组件参数"面板中设置maxChars值为"20"，在text右侧的文本框中输入文字"请列出您最喜欢的一部书籍"，如图7-16所示。

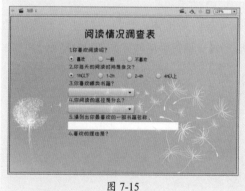

图 7-15   图 7-16

步骤 17 选择"组件"面板中的TextArea组件拖曳至第6个问题下方，使用"任意变形工具" ▦ 变形组件，如图7-17所示。

图 7-17

169

步骤18 选中添加的TextArea组件，在"属性"面板中设置实例名称为"_reason"，在"组件参数"面板中设置maxChars值为"200"，如图7-18所示。

步骤19 选择"组件"面板中的Button组件拖曳至舞台右下角，使用"任意变形工具" ▦变形组件，如图7-19所示。

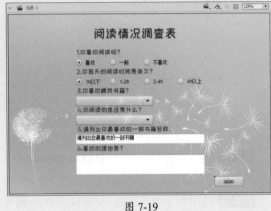

图 7-18   图 7-19

步骤20 选中添加的Button组件，在"属性"面板中设置实例名称为"_tijiao"，在"组件参数"面板中设置label值为"提交"，如图7-20所示。

步骤21 在"组件"图层的第2帧按F7键插入空白关键帧。选择"组件"面板中的ScrollPane组件拖曳至舞台中，使用"任意变形工具" ▦变形组件，如图7-21所示。

图 7-20   图 7-21

步骤22 选中添加的ScrollPane组件，在"属性"面板中设置实例名称为"_jieguo"，如图7-22所示。

步骤23 使用"文本工具" T在ScrollPane组件上绘制文本框，在"属性"面板中设置实例名称为"_result"，文字类型为"输入文本"，并设置字体系列为"仓耳渔阳体"，样式为"W02"，字号为"12.0磅"，如图7-23所示。

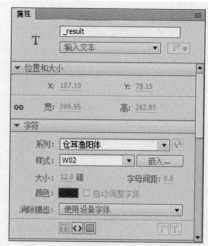

图 7-22   图 7-23

步骤 24 选择"组件"面板中的Button组件拖曳至舞台右下角,使用"任意变形工具" ![icon]变形组件。选中添加的Button组件,在"属性"面板中设置实例名称为"_back",在"组件参数"面板中设置label值为"重置",如图7-24所示。

图 7-24

步骤 25 至此,完成问题的设置与组件的添加。在"组件"图层上方新建"动作"图层,选中第1帧,右击鼠标,在弹出的快捷菜单中选择"动作"命令,打开"动作"面板,输入如下代码:

```
stop();
var temp:String = "";
var like:String = "喜欢";
var time:String = "1h以下";

function clickHandler2(event:MouseEvent):void
{
    like = event.currentTarget.label;
}
_like.addEventListener(MouseEvent.CLICK, clickHandler2);
_commonly.addEventListener(MouseEvent.CLICK, clickHandler2);
_dislike.addEventListener(MouseEvent.CLICK, clickHandler2);
```

```
function clickHandler(event:MouseEvent):void
{
    time = event.currentTarget.label;
}
_h1.addEventListener(MouseEvent.CLICK, clickHandler);
_h2.addEventListener(MouseEvent.CLICK, clickHandler);
_h3.addEventListener(MouseEvent.CLICK, clickHandler);
_h4.addEventListener(MouseEvent.CLICK, clickHandler);


function _tijiaoclickHandler(event:MouseEvent):void
{
    temp +=  "\r\r你喜欢阅读吗？" + like;
    temp +=  "\r\r你每天的阅读时间是多久？" + time;
    temp +=  "\r\r你喜欢哪类书籍？" + _type.selectedItem.data + "\r\r你阅读的途径是什么?
" + _way.selectedItem.data ;
    temp +=  "\r\r请列出你最喜欢的一部书籍名称。" + _name.text;
    temp +=  "\r\r喜欢的理由是? " + _reason.text;
    this.gotoAndStop(2);
}
_tijiao.addEventListener(MouseEvent.CLICK, _tijiaoclickHandler);
```

步骤26 选择"动作"图层的第2帧，按F7键插入空白关键帧，在"动作"面板中输入如下代码：

```
_result.text = temp;
stop();
function _backclickHandler(event:MouseEvent):void
{
    gotoAndStop(1);
}
_back.addEventListener(MouseEvent.CLICK, _backclickHandler);
```

步骤27 至此，完成问卷调查表的制作。按Ctrl+Enter组合键测试效果，如图7-25、图7-26所示。

图 7-25

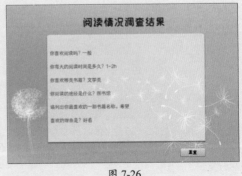

图 7-26

听 我 讲 ▶ Listen to me

7.1 认识并应用组件

组件是带有可定义参数的影片剪辑，使用组件可以提高制作者的工作效率。本小节将针对Animate中的组件进行介绍。

7.1.1 组件及其类型

组件可以分开应用程序的设计过程和编码，使不熟悉ActionScript代码的用户也可以制作一些复杂的交互动画。

在Animate中，常用的组件包含以下4种类型。

1. 选择类组件

在制作一些用于网页的选择调查类文件时，可以选择常用的选择类组件，如Button、CheckBox、RadioButton和NumerirStepper 4种。使用这些常用的选择类组件可以使制作更加快捷。如图7-27所示为这4种组件的样式效果。

图 7-27

2. 文本类组件

使用文本类组件可以更加快捷、方便地创建文本框，并且可以载入文档数据信息。Animate中常见的文本类组件有Label、TextArea和TextInput 3种。如图7-28所示为这3种组件的样式效果。

Label

图 7-28

3. 列表类组件

列表类组件可以直观地组织同类信息数据，方便用户选择。Animate中常见的列表类组件有ComboBox、DataGrid和List 3种。如图7-29所示为这3种组件的样式效果。

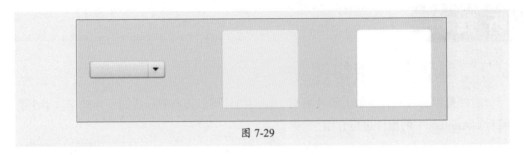

图 7-29

4. 窗口类组件

窗口类组件可以制作类似于Windows操作系统的窗口界面，如带有标题栏和滚动条的资源管理器和执行某一操作时弹出的警告提示对话框等。Animate中常见的窗口类组件有ScrollPane、UIScrollBar和ProgressBar 3种。如图7-30所示为这3种组件的样式效果。

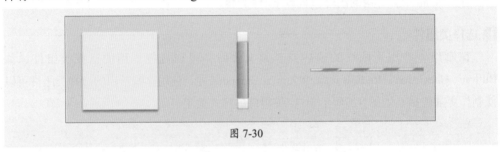

图 7-30

组件添加后，可以按Ctrl+Enter组合键或执行"控制"｜"测试"命令测试其功能。

7.1.2 组件的添加与删除

Animate中有多个组件，执行"窗口"｜"组件"命令，打开"组件"面板，如图7-31所示。用户可以选择"组件"面板中的组件进行添加、设置、删除等操作。下面将对此进行介绍。

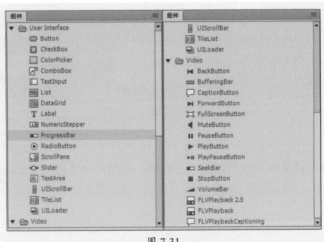

图 7-31

1. 组件的添加

选中"组件"面板中的组件，如图7-32所示。双击或将其拖曳至"库"面板或舞台中，即可将其添加，如图7-33所示。

图 7-32

图 7-33

选中添加的组件，在"属性"面板中可以调整其参数，如图7-34所示。单击"显示参数"按钮，可以打开"组件参数"面板进行更进一步的设置，如图7-35所示为NumericStepper组件的"组件参数"面板。

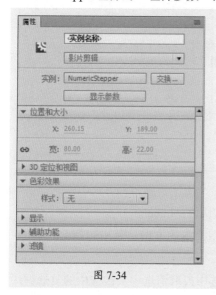

图 7-34

组件参数	
属性	值
enabled	☑
maximum	10
minimum	0
stepSize	1
value	1
visible	☑

图 7-35

💬 技巧点拨

不同组件的"组件参数"面板也不同。常见的组件的"组件参数"面板会在下文中有所介绍。

2.组件的删除

用户可以选择删除不需要的组件，若仅是想从舞台中删除实例，可以选择舞台中的组件实例按Delete键删除。以这种方式删除后，在编译时该组件依然包括在应用程序中。

若想彻底删除组件，需要从"库"面板中将其删除，常用的两种方法如下。

- 选中"库"面板中要删除的组件，右击鼠标，在弹出的快捷菜单中选择"删除"命令或者直接按Delete键删除。
- 在"库"面板中选中要删除的组件，单击"库"面板底部的"删除"按钮🗑即可。

7.2 复选框组件

复选框（CheckBox）组件属于选择类组件，支持单选或多选。当它被选中后，框中会出现一个复选标记。用户可以为CheckBox添加一个文本标签，用以说明选项。

打开"组件"面板，选择CheckBox组件将其拖至舞台即可，效果如图7-36所示。可在CheckBox组件实例所对应的"组件参数"面板中调整组件参数。如图7-37所示。

图 7-36

图 7-37

该组件"组件参数"面板中各参数作用如下。

- **enabled：** 用于控制组件是否可用。
- **label：** 用于确定复选框旁边的显示内容。默认值是Label。
- **labelPlacement：** 用于确定复选框上标签文本的方向。其中包括4个选项：left、right、top和bottom，默认值是right。
- **selected：** 用于确定复选框的初始状态为选中或取消选中。被选中的复选框中会显示一个勾。
- **visible：** 用于决定对象是否可见。

复选框组件的应用方法如下。

步骤 **01** 新建文档，导入本章素材文件，使用"文本工具" **T** 在舞台中输入文字，如图7-38所示。

图 7-38

步骤 **02** 选中"组件"面板中的CheckBox组件，按住并拖曳至舞台中合适的位置，如图7-39所示。

图 7-39

步骤 **03** 选中添加的组件，在"属性"面板中单击"显示参数"按钮，打开"组件参数"面板，在label文本框中输入文本，如图7-40所示。

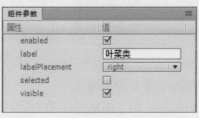

图 7-40

步骤 04 使用相同的方法，添加其他复选框组件并进行设置，效果如图7-41所示。

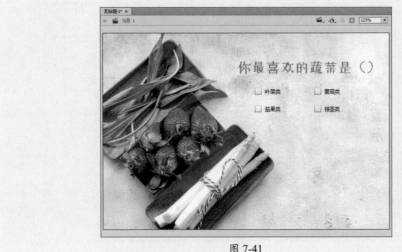

图 7-41

7.3 列表框组件 //

列表框（List）组件是一个可滚动的单选或多选的列表框。该组件的使用跟ComboBox组件差不多，列表框组件和下拉列表框组件的很多选项都一样，不同之处在于下拉列表框是单行下拉滚动，而列表框是平铺滚动。

打开"组件"面板，选择List组件将其拖至舞台即可，效果如图7-42所示。可在List组件实例所对应的"组件参数"面板中调整组件参数，如图7-43所示。

图 7-42

图 7-43

该组件"组件参数"面板中各参数作用如下。

● **allowMultipleSelection:** 用于确定是否可以选择多个选项。如果可以选择多个选项，则选择，如果不能选择多个选项，则取消选择。

● **dataProvider**：用于填充列表数据的值数组。单击该参数右侧的 ✐ 按钮，将打开"值"对话框设置列表数据，如图7-44所示。

图 7-44

● **enabled**：用于控制组件是否可用。

● **horizontalLineScrollSize**：用于确定每次按下滚动条两边的箭头按钮时水平滚动条移动多少个单位，默认值为4。

● **horizontalPageScrollSize**：用于指明每次按滚动条时水平滚动条移动多少个单位，默认值为0。

● **horizontalScrollPolicy**：用于确定是否显示水平滚动条。该值可以为on（显示）、off（不显示）或auto（自动），默认值为auto。

● **verticalLineScrollSize**：用于指明每次按下滚动条两边的箭头按钮时垂直滚动条移动多少个单位，默认值为4。

● **verticalPageScrollSize**：用于指明每次按滚动条时垂直滚动条移动多少个单位，默认值为0。

● **verticalScrollPolicy**：用于确定是否显示垂直滚动条。该值可以为on（显示）、off（不显示）或auto（自动），默认值为auto。

● **visible**：用于决定对象是否可见。

设置完成后，效果如图7-45、图7-46所示。

图 7-45

图 7-46

7.4　输入文本组件 ///////////////////////////////////////

TextInput即输入文本组件，是一种单行文本组件。常用于制作网页中用户要填写的个人信息、账号密码等。

打开"组件"面板，选择TextInput组件将其拖至舞台即可，效果如图7-47所示。可在TextInput组件实例所对应的"组件参数"面板中调整组件参数，如图7-48所示。

图 7-47　　　　　　　　　　　　　　　　　图 7-48

该组件"组件参数"面板中各参数作用如下。

- **editable**：用于指示该字段是(true)否(false)可编辑。
- **displayAsPassword**：用于指示该文本字段是否为隐藏所输入字符的密码字段。
- **text**：用于设置TextInput组件的文本内容。
- **maxChars**：用户可以在文本字段中输入的最大字符数。
- **restrict**：用于指明用户可以在文本字段输入哪些字符。

7.5　文本域组件 ///////////////////////////////////////

Textarea是文本域组件，是一个多行文本字段，具有边框和选择性的滚动条，常用于制作需要多行文本字段的内容。

打开"组件"面板，选择Textarea组件将其拖至舞台即可，效果如图7-49所示。可在Textarea组件实例所对应的"组件参数"面板中调整组件参数，如图7-50所示。

该组件"组件参数"面板中各参数作用如下。

- **editable**：用于指示该字段是否可编辑。
- **enabled**：用于控制组件是否可用。
- **horizontalScrollPolicy**：用于指示水平滚动条是否打开。该值可以为on（显示）、off（不显示）或auto（自动），默认值为auto。
- **maxChars**：用于设置文本区域最多可以容纳的字符数。

- **text：** 用于设置textArea组件默认显示的文本内容。
- **verticalScrollPolicy：** 用于指示垂直滚动条是否打开。该值可以为on（显示）、off（不显示）或auto（自动），默认值为auto。
- **wordWrap：** 用于控制文本是否自动换行。

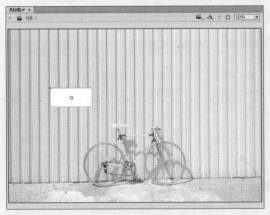

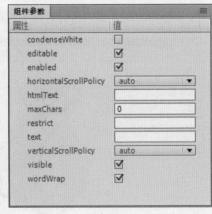

图 7-49

图 7-50

设置完成后，效果如图7-51、图7-52所示。

图 7-51

图 7-52

7.6 下拉列表框组件

ComboBox（下拉列表框）组件类似于对话框中的下拉列表框，单击右侧的下拉按钮即可弹出相应的下拉列表，以提供选项。

打开"组件"面板，选择ComboBox组件将其拖至舞台即可，效果如图7-53所示。可在ComboBox组件实例所对应的"组件参数"面板中调整组件参数，如图7-54所示。

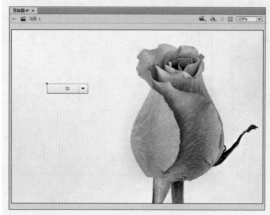

图 7-53　　　　　　　　　　　　　　　　　图 7-54

该组件"组件参数"面板中各参数作用如下。

● **dataProvider**：用于将一个数据值与ComboBox组件中的每个项目相关联。

● **editable**：用于决定用户是否可以在下拉列表框中输入文本。

● **rowCount**：用于确定在不使用滚动条时最多可以显示的项目数。默认值为5。

下拉列表框组件的应用方法如下。

步骤 **01** 新建文档，导入本章素材文件，使用"文本工具" T 在舞台中输入文字，如图7-55所示。

图 7-55

步骤 **02** 选中"组件"面板中的ComboBox组件，按住并拖曳至舞台中合适位置，如图7-56所示。

图 7-56

步骤 **03** 选中添加的组件，在"属性"面板中单击"显示参数"按钮，打开"组件参数"面板，并进行设置，如图7-57所示。

步骤 **04** 单击dataProvider右侧的 按钮，打开"值"对话框设置参数，单击 按钮可以添加值，添加完成后效果如图7-58所示。

图 7-57

图 7-58

步骤 **05** 单击"确定"按钮，即可应用设置的值，如图7-59所示。

图 7-59

步骤 06 按Ctrl+Enter组合键测试效果，如图7-60所示。

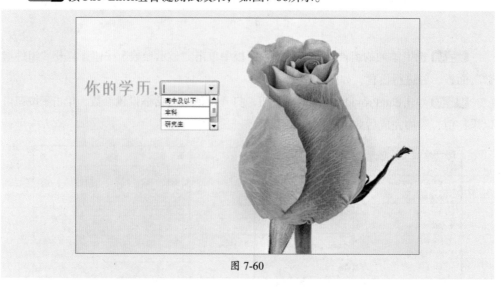

图 7-60

7.7 滚动条组件

　　Uiscrollbar（滚动条）组件可以将滚动条添加到文本字段中。添加的方式有两种：在创作时将滚动条添加到文本字段中或使用ActionScript代码在运行时添加。

　　打开"组件"面板，选择Uiscrollbar组件将其拖曳至动态文本框中即可，效果如图7-61所示。在 Uiscrollbar组件实例所对应的"组件参数"面板中调整组件参数，如图7-62所示。

图 7-61   图 7-62

该组件"组件参数"面板中各参数作用如下。

● **direction**：用于选择Uiscrollbar组件方向是横向或纵向。

● **scrollTargetName**：用于设置滚动条的目标名称。

● **visible**：用于控制Uiscrollbar组件是否可见。

💬 **技巧点拨**

若滚动条的长度过长或过短，则滚动条将无法正确显示。如果调整滚动条的尺寸以至没有足够的空间留给滚动框（滑块），则 Animate 会使滚动框变为不可见。

滚动条组件的应用方法如下。

步骤 **01** 新建文档，导入本章素材文件，使用"文本工具" **T**在舞台中输入文字，如图7-63所示。

图 7-63

步骤 02 使用"文本工具" T在舞台中绘制文本框，在"属性"面板中设置其为动态文本，并设置实例名称为wz，如图7-64所示。

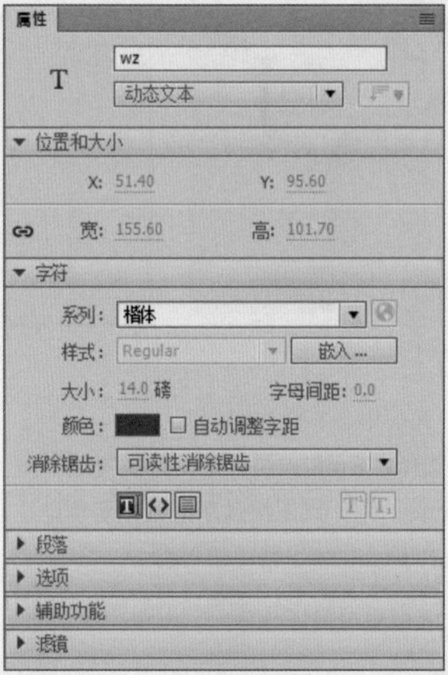

图 7-64

步骤 03 在"组件"面板中选中Uiscrollbar组件，将其拖曳至文本框中，如图7-65所示。

图 7-65

步骤 04 选中组件，在"组件参数"面板中设置scrollTargetName为wz，如图7-66所示。

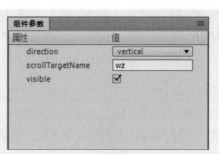

图 7-66

步骤 05 新建图层，选中第1帧，执行"窗口"|"动作"命令，打开"动作"面板添加如下代码：

```
wz.text = "花非花，\r\r雾非雾。\r\r夜半来，\r\r天明去。\r\r来如春梦几多时，\r\r去似朝云无觅处。"
```

添加代码后"动作"面板如图7-67所示。

图 7-67

步骤 06 按Ctrl+Enter组合键测试效果，如图7-68所示。

图 7-68

自己练／制作文章页面

案例路径 云盘＼实例文件＼第7章＼自己练＼制作文章页面

项目背景 随着国家发展，"文化自信"的理念也愈加深入人心，中国传统文化在社会中各个领域频繁出现。现为宣扬中国古诗文化，受某在线阅读公司委托，为该公司古诗页面设计动画页面，以便更好地吸引浏览者，增加点击量。

项目要求 ①需要完整地展示诗句，结构简单，操作便捷。

②字体风格统一。

③尺寸为550像素×400像素。

项目分析 唐代是中国诗歌发展的巅峰时期，而李白是唐代诗人中最为耀眼的一个。本项目选择李白的《行路难·其一》为例，通过滚动条组件和代码制作文章滚动效果，标题和作者名字按照古文竖向排列，增加画面丰富性。效果如图7-69、图7-70所示。

图 7-69

图 7-70

课时安排 1课时。

第**8**章

制作交互动画
——ActionScript特效详解

本章概述

　　ActionScript 3.0是一种脚本语言，在Animate软件中，通过ActionScript 3.0可以实现复杂动画的制作。本章节将针对ActionScript 3.0的相关知识进行介绍。通过本章节的学习，可以帮助读者了解ActionScript 3.0的语法、运算符等知识，学会添加代码，制作交互动画。

要点难点

- ActionScript 3.0 语法 ★★☆
- 运算符的应用 ★★☆
- 动作面板的应用 ★★★
- 脚本的编写 ★★★

跟我学 制作电子相册

学习目标 本案例将练习制作电子相册。使用不同的滤镜制作不同的图像效果，通过代码控制滤镜的显示与图像的切换。通过本实例，可以帮助用户了解交互动画的相关知识，学会使用"动作"面板，学会添加代码。

案例路径 云盘\实例文件\第8章\跟我学\制作电子相册

步骤 01 新建一个尺寸为720*720的空白文档，按Ctrl+R组合键，导入本章素材文件，调整至合适大小和位置，如图8-1所示。修改图层1名称为"背景"。

步骤 02 选中置入的素材文件，按F8键打开"转换为元件"面板，设置名称为"背景"，类型为"影片剪辑"，如图8-2所示。完成后单击"确定"按钮。

图 8-1   图 8-2

步骤 03 选中"背景"元件，在"属性"面板中添加"模糊"滤镜，并设置模糊值为40，品质为高，效果如图8-3所示。锁定"背景"图层。

步骤 04 在"背景"图层上新建"图片"图层，按Ctrl+F8组合键新建"img"影片剪辑元件。进入元件编辑模式，导入本章素材文件，并调整素材大小为600*400，如图8-4所示。

步骤 05 在图层1第2帧按F7键插入空白关键帧，导入本章素材文件，并调整素材大小为600*400，如图8-5所示。

步骤 06 在图层1第3帧按F7键插入空白关键帧，导入本章素材文件，并调整素材大小为600*400，如图8-6所示。

图 8-3

图 8-4

图 8-5

图 8-6

步骤 07 返回场景1，从"库"面板中选中"img"影片剪辑元件并拖曳至舞台中合适位置，在"属性"面板中设置实例名称为"img"，如图8-7所示。

图 8-7

191

步骤 08 在"图片"图层上新建"按钮"图层，按Ctrl+F8组合键，新建"ty"按钮元件，使用"文字工具" T 在舞台中合适位置输入文字，在"属性"面板中设置字体系列为"仓耳渔阳体"，样式为"W04"，大小为"24磅"，颜色为白色，如图8-8所示。

步骤 09 在图层1的"按下"帧按F6键插入关键帧，修改文字颜色为#999999，如图8-9所示。在"点击"帧按F5键插入帧。

| 图 8-8 | 图 8-9 |

步骤 10 返回场景1，从"库"面板中选中"ty"按钮元件并拖曳至舞台中合适位置，在"属性"面板中设置实例名称为"ty"，如图8-10所示。

步骤 11 使用相同的方法创建其他按钮元件，并依次设置实例名称为"mh""xj""jbxj""fg"和"jbfg"，添加后效果如图8-11所示。

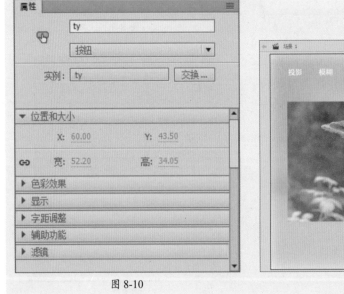

| 图 8-10 | 图 8-11 |

步骤 12 使用"钢笔工具" 在舞台中合适位置绘制箭头，在"属性"面板中设置笔触为3，端点为圆角，效果如图8-12所示。

步骤 13 使用"文字工具" T 在箭头右侧输入文字，在"属性"面板中设置字体系列为"仓耳渔阳体"，样式为"W04"，大小为"50磅"，颜色为白色，如图8-13所示。

图 8-12

图 8-13

步骤 14 选中绘制的箭头和文字，按F8键将其转换为"bt1"按钮元件，双击进入元件编辑模式，选中箭头和文字，按F8键将其转换为"shang"影片剪辑元件，在"属性"面板中设置样式为Alpha，值为0，如图8-14所示。

步骤 15 在"指针经过"帧按F6键插入关键帧，设置样式为无。在"点击"帧按F5键插入帧。返回场景1，选中新制作的按钮元件，在"属性"面板中设置实例名称为"bt1"，如图8-15所示。

图 8-14

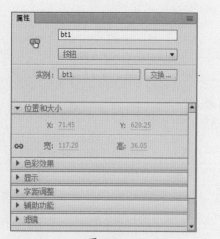

图 8-15

步骤 16 使用相同的方法，制作"bt2"按钮元件，并设置其实例名称为"bt2"，如图8-16所示。

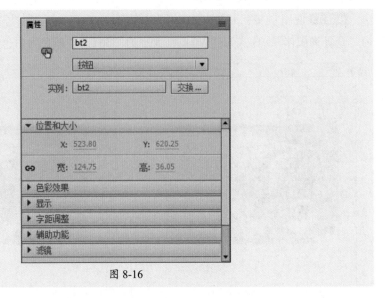

图 8-16

步骤 17 在"按钮"图层上方新建"特效动作"图层，选中第1帧右击鼠标，在弹出的快捷菜单中选择"动作"命令，打开"动作"面板，输入以下代码：

```
import flash.filters.BevelFilter;
import flash.filters.BlurFilter;
import flash.filters.DropShadowFilter;
import flash.filters.GlowFilter;
import flash.filters.GradientBevelFilter;
import flash.filters.GradientGlowFilter;

var bevel: BevelFilter = new BevelFilter();
bevel.distance = 5;
bevel.angle = 105;
bevel.highlightColor = 0xf7f7f3;
bevel.highlightAlpha = 0.8;
bevel.shadowColor = 0x202020;
bevel.shadowAlpha = 0.8;
bevel.blurX = 5;
bevel.blurY = 5;
bevel.strength = 5;
bevel.quality = BitmapFilterQuality.HIGH;
bevel.type = BitmapFilterType.INNER;
bevel.knockout = false;

var blur: BlurFilter = new BlurFilter();
blur.blurX = 10;
blur.blurY = 10;
```

```
blur.quality = BitmapFilterQuality.MEDIUM;

var shadower: DropShadowFilter = new DropShadowFilter();
shadower.distance = 10;
shadower.angle = 25;

var glow: GlowFilter = new GlowFilter();
glow.color = 0x2ee5c5;
glow.alpha = 1;
glow.blurX = 25;
glow.blurY = 25;
glow.quality = BitmapFilterQuality.MEDIUM;

var gradientBevel: GradientBevelFilter = new GradientBevelFilter();

gradientBevel.distance = 8;
gradientBevel.angle = 225;
gradientBevel.colors = [0xccfff4, 0x7ebdf8, 0x90fbfa];
gradientBevel.alphas = [1, 0, 1];
gradientBevel.ratios = [0, 128, 255];
gradientBevel.blurX = 8;
gradientBevel.blurY = 8;
gradientBevel.quality = BitmapFilterQuality.HIGH;

var gradientGlow: GradientGlowFilter = new GradientGlowFilter();
gradientGlow.distance = 0;
gradientGlow.angle = 45;
gradientGlow.colors = [0x000000, 0xfb9de6];
gradientGlow.alphas = [0, 1];
gradientGlow.ratios = [0, 255];
gradientGlow.blurX = 10;
gradientGlow.blurY = 10;
gradientGlow.strength = 2;
gradientGlow.quality = BitmapFilterQuality.HIGH;
gradientGlow.type = BitmapFilterType.OUTER;

function img_jbfg(event: MouseEvent): void {
    img.filters = [gradientGlow];
}
jbfg.addEventListener(MouseEvent.CLICK, img_jbfg);

function img_ty(event: MouseEvent): void {
    img.filters = [shadower];
}
ty.addEventListener(MouseEvent.CLICK, img_ty);

function img_mh(event: MouseEvent): void {
    img.filters = [blur];
```

```
}
mh.addEventListener(MouseEvent.CLICK, img_mh);

function img_xj(event: MouseEvent): void {
    img.filters = [bevel];
}
xj.addEventListener(MouseEvent.CLICK, img_xj);

function img_fg(event: MouseEvent): void {
    img.filters = [glow];
}
fg.addEventListener(MouseEvent.CLICK, img_fg);

function img_jbxj(event: MouseEvent): void {
    img.filters = [gradientBevel];
}
jbxj.addEventListener(MouseEvent.CLICK, img_jbxj);
```

💬 **技巧点拨**

该部分代码主要定义图片特效。

步骤18 在"特效动作"图层上方新建"切换动作"图层，选中第1帧右击鼠标，在弹出的快捷菜单中选择"动作"命令，打开"动作"面板，输入以下代码：

```
img.gotoAndStop(1);
bt1.addEventListener(MouseEvent.CLICK, GetPrevimage);
function GetPrevimage(e: MouseEvent): void {
    if (img.currentFrame != 1) {
        img.prevFrame();
    } else {
        img.gotoAndStop(img.totalFrames);
    }
}
bt2.addEventListener(MouseEvent.CLICK, GetNextimage);
function GetNextimage(e: MouseEvent): void {
    if (img.currentFrame != img.totalFrames) {
        img.nextFrame();
    } else {
        img.gotoAndStop(1);
    }
}
```

💬 **技巧点拨**

该部分代码定义了下一张、上一张的图片切换效果。

步骤 19 至此，完成电子相册的制作。按Ctrl+Enter组合键测试效果，如图8-17、图8-18所示。

图 8-17

图 8-18

听我讲 Listen to me

8.1 ActionScript 3.0的起源

ActionsScript语句是Animate中的一种动作脚本语言，它是一种编程语言，用于编写Adobe Animate电影和应用程序。

ActionScript 3.0为基于 Web 的应用程序提供了更多的可能性。它进一步增强了语言，提供了出色的性能，简化了开发的过程，因此更适合高度复杂的 Web 应用程序和大数据集。ActionScript 3.0可以为以Flash Player 为目标的内容和应用程序提高性能和开发效率。

ActionsScript是在Animate影片中实现互动的重要组成部分，也是Animate优越于其他动画制作软件的主要因素。ActionScript 3.0 的脚本编写功能超越了其早期版本，主要目的在方便创建拥有大型数据集和面向对象的可重用代码库的高度复杂应用程序。

ActionScript 3.0提供了可靠的编程模型，它包含ActionScript 编程人员所熟悉的许多类和功能。相对于早期ActionScript版本改进的一些重要功能包括如下5个方面。

- 一个更为先进的编译器代码库，可执行比早期编译器版本更深入的优化。
- 一个新增的ActionScript虚拟机，称为AVM2，它使用全新的字节代码指令集，可使性能显著提高。
- 一个扩展并改进的应用程序编程接口（API），拥有对对象的低级控制和真正意义上的面向对象的模型。
- 一个基于文档对象模型（DOM）第3级事件规范的事件模型。
- 一个基于ECMAScript for XML（E4X）规范的XML API。E4X是ECMAScript的一种语言扩展，它将XML添加为语言的本机数据类型。

8.2 ActionScript 3.0的语法

语法是程序的结构，是每一种编程语言最基础的东西。在Animate中，若想使代码正确地编译和运行，必须使用正确的语法构成语句。本小节将针对ActionScript 3.0的基本语法进行介绍。

8.2.1 常量与变量

在ActionScript中，不能被程序修改的量称为常量，可以被程序修改的量称为变量。本小节将针对常量与变量的相关知识进行介绍。

1.常量

常量是相对于变量来说的，它是使用指定的数据类型表示计算机内存中的值的名称。其区别在于，在 ActionScript 应用程序运行期间只能为常量赋值一次。

常量是指在使用程序运行中保持不变的参数。常量又包括数值型、字符串型和逻辑型。数值型就是具体的数值，例如b=16；字符串型是用引号括起来的一串字符，例如y="GVF"；逻辑型是用于判断条件是否成立，例如true或1表示真（成立），false或0表示假（不成立），逻辑型常量也叫布尔常量。

若需要定义在整个项目中多个位置使用且正常情况下不会更改的值，则定义常量非常有用。使用常量而不是字面值可提高代码的可读性。

声明常量需要使用关键字 const，如下示例代码所示：

```
const SALES_TAX_RATE:Number = 0.5;
```

假设用常量定义的值需要更改，在整个项目中若使用常量表示特定值，则可以在一处位置更改此值（常量声明）。相反，若使用硬编码的字面值，则必须在各个位置更改此值。

2. 变量

变量是一段有名字的连续存储空间。在源代码中通过定义变量来申请并命名这样的存储空间，最后通过变量的名字来使用这段存储空间。变量即用来存储程序中使用的值，声明变量的一种方式是使用Dim语句、Public语句和Private语句在Script中显式声明变量。要声明变量，必须将var语句和变量名结合使用。

在ActionScript 2.0中，只有当用户使用类型注释时，才需要使用var语句。在 ActionScript 3.0中，var语句不能省略使用。如要声明一个名为"a"的变量，ActionScript代码的格式如下所示：

```
var a;
```

若在声明变量时省略了 var 语句，则在严格模式下会出现编译器错误，在标准模式下会出现运行时错误。若未定义变量a，则下面的代码行将产生错误：

```
a; // error if a was not previously defined
```

在 ActionScript 3.0 中，一个变量实际上包含三个不同部分。
- 变量的名称。
- 可以存储在变量中的数据类型，如String（文本型）、Boolean（布尔型）等。
- 存储在计算机内存中的实际值。

变量的开头字符不能是空格、句号、关键字和逻辑常量等字符，必须是字母、下画线，后续字符可以是字母、数字等。

要将变量与一个数据类型相关联，则必须在声明变量时进行此操作。若在声明变量时不指定变量的类型，在严格模式下会产生编译器警告。可通过在变量名后面追加一个后跟变量类型的冒号(:)来指定变量类型。如下面的代码声明一个int类型的变量b：

```
var b : int;
```

变量可以赋值一个数字、字符串、布尔值和对象等。Animate会在变量赋值的时候自动决定变量的类型。在表达式中，Animate会根据表达式的需要自动改变数据的类型。

可以使用赋值运算符 (=) 为变量赋值。例如，下面的代码声明一个变量v并将值16赋值给它：

```
var v:int;
v = 16;
```

用户可能会发现在声明变量的同时为变量赋值可能更加方便，示例代码如下所示：

```
var v:int = 16;
```

通常，在声明变量的同时为变量赋值的方法不仅常用于赋予基元值（如整数和字符串）时，也常用于创建数组或实例化类的实例时。如下所示为一个使用一行代码声明和赋值的数组：

```
var numArray:Array = ["one", "two","three"];
```

用户可以使用new运算符来创建类的实例。如下所示为创建一个名为 CustomClass的实例，并向名为 customItem的变量赋予对该实例的引用：

```
var customItem:CustomClass = new CustomClass();
```

用户可以使用逗号运算符(,)来分隔变量，从而在一行代码中声明所有这些变量。如下所示为在一行代码中声明3个变量：

```
var t:int, e:int, o:int;
```

也可以在同一行代码中为其中的每个变量赋值。如下面的代码声明3个变量（f、g和h）并为每个变量赋值：

```
var f:int = 6, g:int = 12, h:int = 32;
```

💬 **技巧点拨**

在ActionScript 3.0中，不能使用关键字和保留字作为标识符，即不能使用关键字和保留字作为变量名、方法名、类名等。

保留字是一些单词，因为这些单词是保留给ActionScript使用的，所以不能在代码中将它们用作标识符。保留字包括词汇关键字，编译器将词汇关键字从程序的命名空间中移除。如果用户将词汇关键字用作标识符，则编译器会报告一个错误。

3. 数据类型

ActionScript 3.0的数据类型可以分为简单数据类型和复杂数据类型两大类。简单数据类型只是表示简单的值，是在最低抽象层存储的值，运算速度相对较快。例如字符串、数字都属于简单数据，保存它们变量的数据类型都是简单数据类型。而类类型属于复杂数据类型，例如Stage类型、MovieClip类型和TextField类型都属于复杂数据类型。

ActionScript 3.0的简单数据类型的值可以是数字、字符串和布尔值等，其中，Int类型、Uint类型和Number类型表示数字类型，String类型表示字符串类型，Boolean类型表示布尔值类型，布尔值只能是true或false。所以，简单数据类型的变量只有3种，即字符串、数字和布尔值。

（1）String：字符串类型。

（2）Numeric：对于Numeric型数据，ActionScript 3.0 包含三种特定的数据类型，分别如下。

- **Number**：任何数值，包括有小数部分或没有小数部分的值。
- **Int**：一个整数（不带小数部分的整数）。
- **Uint**：一个"无符号"整数，即不能为负数的整数。

（3）Boolean：布尔类型，其属性值为true或false。

在ActionScript 中定义的大多数数据类型是复杂数据类型。它们表示单一容器中的一组值，例如数据类型为Date的变量表示单一值（某个时刻），然而，该日期值以多个值表示，即天、月、年、小时、分钟、秒等，这些值都为单独的数字。

当通过"属性"面板定义变量时，这个变量的类型也将被自动声明。

常见的复杂数据类型如下所示。

- **MovieClip**：影片剪辑元件。
- **TextField**：动态文本字段或输入文本字段。
- **SimpleButton**：按钮元件。
- **Date**：有关时间中的某个片刻的信息（日期和时间）。

8.2.2 点

点运算符(.)提供对对象的属性和方法的访问。使用点语法，可以使用跟点运算符和属性名或方法名的实例名来引用类的属性或方法。例如以下代码所示：

```
class DotExample{
    public var property1:String;
    public function method1():void {}
}
var myDotEx:DotExample = new DotExample(); // 创建实例
myDotEx.property1 = "bye"; // 用点语法访问 property1属性
myDotEx.method1(); // 用点语法访问method1()方法
```

定义包时，可以使用点运算符来引用嵌套包。例如以下代码所示：

```
// EventDispatcher类位于一个名为events的包中，该包嵌套在名为Animate的包中
Animate.events; // 点语法引用events包
Animate.events.EventDispatcher; // 点语法引用EventDispatcher类
```

8.2.3　分号

分号常用来作为语句的结束和循环中参数的隔离。在ActionScript 3.0中，可以使用分号字符(;)来终止语句。例如下面两行代码中所示：

```
Var myNum:Number=8;
myLabe1.height=myNum;
```

分号还可以在for循环中，分割for循环的参数。例如以下代码所示：

```
Var i:Number;
for ( i = 0;i < 4; i++) {
    trace ( i ); // 0,1,…,3
}
```

8.2.4　注释

注释是一种对代码进行注解的方法，编译器不会把注释识别成代码，注释可以使ActionScript程序更容易理解。

注释的标记为/*和//。ActionScript 3.0代码支持两种类型的注释：单行注释和多行注释。这些注释机制与C++和Java中的注释机制类似。

（1）单行注释以两个正斜杠字符"//"开头并持续到该行的末尾。例如以下代码所示：

```
var myNumber:Number = 24; //
```

（2）多行注释以一个正斜杠和一个星号"/*"开头，以一个星号和一个正斜杠"*/"结尾。

8.2.5　小括号

小括号用途很多，例如保存参数、改变运算的顺序等。在 ActionScript 3.0中，可以通过三种方式使用小括号()。

（1）使用小括号()来更改表达式中的运算顺序，小括号中的运算优先级高。例如以下代码所示：

```
trace(2+ 4 * 3); // 14
trace((2+4) *3); // 18
```

（2）使用小括号和逗号运算符 "," 来计算一系列表达式并返回最后一个表达式的结果。例如以下代码所示：

```
var x:int = 5;
var y:int = 12;
trace((x--,y++, x*y)); //52
```

（3）使用小括号向函数或方法传递一个或多个参数。例如以下代码所示：

```
trace("Action"); // Action
```

8.2.6　大括号

使用大括号可以将ActionScript 3.0中的事件、类定义和函数组合成块，即代码块。代码块是指左大括号 "{" 与右大括号 "}" 之间的任意一组语句。在包、类、方法中，均以大括号作为开始和结束的标记。

（1）控制程序流的结构中，用大括号{ }括起需要执行的语句。例如以下代码所示：

```
if (age>12){
trace("The game is available.");
}
else{
trace("The game is not for children.");
}
```

（2）定义类时，类体要放在大括号{ }内，且放在类名的后面。例如以下代码所示：

```
public class Shape{
    var visible:Boolean = true;
}
```

（3）定义函数时，在大括号之间{...}编写调用函数时要执行的ActionScript代码，即{函数体}。例如以下代码所示：

```
function myfun(mypar:String){
trace(mypar);
}
myfun("hello world"); // hello world
```

（4）初始化通用对象时，对象字面值放在大括号{ }中，各对象属性之间用逗号 "," 隔开。例如以下代码所示：

```
var myObject:Object = {propA:4, propB:32, propC:16};
```

8.3 运算符 //

运算符用于执行程序代码运算，是一种特殊的函数。运算符按照操作数的个数可以分为一元、二元或三元运算符。一元运算符采用1个操作数，如递增运算符(++)。二元运算符采用2个操作数，如除法运算符(/)。三元运算符采用3个操作数，如条件运算符(?:)。本小节将针对常见的运算符进行介绍。

8.3.1 赋值运算符

赋值运算符有两个操作数，根据一个操作数的值对另一个操作数进行赋值。所有赋值运算符具有相同的优先级。

赋值运算符包括=赋值、+=相加并赋值、–=相减并赋值、*=相乘并赋值、/=相除并赋值、<<=按位左移位并赋值、> >=按位右移位并赋值。

8.3.2 数值运算符

数值运算符包含+、–、*、/、%。这些运算符的作用如下。

- **加法运算符 "+"**：表示两个操作数相加。
- **减法运算符 "–"**：表示两个操作数相减。"–"也可以作为负值运算符，如 "–4"。
- **乘法运算符 "*"**：表示两个操作数相乘。
- **除法运算符 "/"**：表示两个操作数相除，若参与运算的操作数都为整型，则结果也为整型。若其中一个为实型，则结果为实型。
- **求余运算符 "%"**：表示两个操作数相除求余数。

如 "--a" 表示a的值先减1，然后返回a。"a--" 表示先返回a，然后a的值减1。

8.3.3 逻辑运算符

逻辑运算符即与或运算符，用于对包含比较运算符的表达式进行合并或取非。逻辑运算符包括! 非运算符、&&与运算符、||或运算符。

（1）非运算符 "! " 具有右结合性，参与运算的操作数为true时，结果为false；操作数为false时，结果为true。

（2）与运算符 "&&" 具有左结合性，参与运算的两个操作数都为true时，结果才为true；否则为false。

（3）或运算符 "||" 具有左结合性，参与运算的两个操作数只要有一个为true，结果就为true；当两个操作数都为false时，结果才为false。

8.3.4　比较运算符

比较运算符也称为关系运算符，主要用作比较两个量的大小、是否相等等，常用于关系表达式中作为判断的条件。比较运算符包括<小于、>大于、<=小于或等于、>=大于或等于、!=不等于、==等于。

比较运算符是二元运算符，有两个操作数，对两个操作数进行比较，比较的结果为布尔型，即true或者false。

比较运算符优先级低于算术运算符，高于赋值运算符。若一个式中既有比较运算、赋值运算，也有算术运算，则先做算术运算，再做关系运算，最后做赋值运算。例如：

```
a=4+3>5-2
```

即等价于a=［（4+3）>（5-2）］关系成立，a的值为4。

8.3.5　等于运算符

等于运算符为二元运算符，用来判断两个操作数是否相等。等于运算符也常用于条件和循环运算，它们具有相同的优先级。等于运算符包括==等于、!=不等于、===严格等于、!==严格不等于。

8.3.6　位运算符

位运算符包括&按位与、|按位或、^按位异或、~按位非、<<左移位、>>右移位、>>>无符号右移位。

- 位与"&"运算符主要是把参与运算的两个数各自对应的二进位相与，只有对应的两个二进位均为1时，结果才为1，否则为0。参与运算的两个数以补码形式出现。
- 位或"|"运算符是把参与运算的两个数各自对应的二进制位相或。
- 位非"~"运算符是把参与运算的数的各个二进制位按位求反。
- 位异或"^"运算符是把参与运算的两个数所对应的二进制位相异或。
- 左移"<<"运算符是把"<<"运算符左边的数的二进制位全部左移若干位。
- 右移">>"运算符是把">>"运算符左边的数的二进制位全部右移若干位。

8.4　动作面板

本小节将针对Animate中的"动作"面板进行介绍。通过"动作"面板，可以编写动作脚本，实现交互性效果。

脚本语言是一种用于控制软件应用程序的编程语言。执行"窗口"|"动作"命令，或按F9键，即可打开"动作"面板，如图8-19所示。

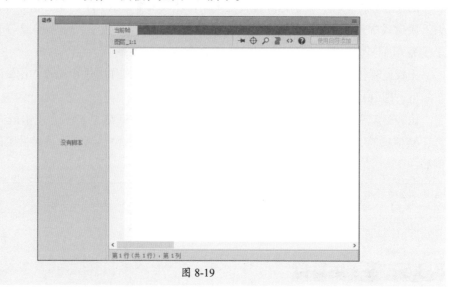

图 8-19

"动作"面板由左侧的脚本导航器和右侧的"脚本"窗口两个部分组成。下面将分别针对这两部分内容进行介绍。

1. 脚本导航器

脚本导航器中列出了当前选中对象的具体信息，如名称、位置等，如图8-20所示。单击脚本导航器中的某一项目，与该项目相关联的脚本则会出现在"脚本"窗口中，如图8-21所示。此时场景上的播放头也将移到时间轴上的对应位置。

图 8-20   图 8-21

2. "脚本"窗口

"脚本"窗口是添加代码的区域。用户可以直接在"脚本"窗口中输入与当前所选帧相关联的ActionScript代码，如图8-22所示。

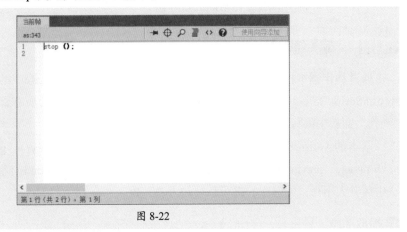

图 8-22

"脚本"窗口上半部分工具作用如下。

- **固定脚本** ⊞：用于将脚本固定到脚本窗格中各个脚本的固定标签，然后相应移动它们。本功能在调试时非常有用。
- **插入实例路径和名称** ⊕：用于设置脚本中某个动作的绝对或相对目标路径。
- **查找** ⌕：用于查找并替换脚本中的文本。
- **设置代码格式** ▤：用于帮助用户设置代码格式。
- **代码片段** ⟨⟩：单击该按钮，将打开"代码片段"面板，显示代码片段示例，如图8-23所示。

图 8-23

- **使用向导添加**：单击该按钮将使用简单易用的向导添加动作，而不用编写代码。仅可用于HTML 5画布文件类型。

8.5　脚本的编写与调试 //

添加脚本的方式分为将脚本编写在时间轴上的关键帧上和将脚本编写在对象上两种。下面将针对脚本的编写和调试进行介绍。

8.5.1　编写脚本

通过动作脚本控制动画，可以使动画更加生动形象。Animate中的脚本编写语言是ActionScript 3.0，通过它可以制作各种特殊效果。Animate中的所有脚本命令语言都在"动作"面板中编写。

基本的ActionScript命令包括stop()、play()、gotoAndPlay()、gotoAndStop()、nextFrame()、prevFrame()、nextScene()、prevScene()、stopAllSounds()等。ActionScript语法中区分大小写，关键字的拼写必须和语法一致。

1. 播放动画 ————————————————————————————————————

执行"窗口"|"动作"命令，打开"动作"面板，在脚本编辑区中输入相应的代码即可。

如果动作附加到某一个按钮上，那么该动作会被自动包含在处理函数on (mouse event)内，其代码如下所示。

```
on (release) {
play();
}
```

如果动作附加到某一个影片剪辑中，那么该动作会被自动包含在处理函数onClipEvent内，其代码如下所示。

```
onClipEvent (load) {
play();
}
```

2. 停止播放动画 ————————————————————————————————

停止播放动画脚本的添加与播放动画脚本的添加相类似。

如果动作附加到某一按钮上，那么该动作会被自动包含在处理函数on (mouse event)内，其代码如下所示。

```
on (release) {
    stop();
}
```

如果动作附加到某个影片剪辑中，那么该动作被自动包含在处理函数onClipEvent内，其代码如下所示。

```
onClipEvent (load) {
stop();
}
```

3. 跳到某一帧或场景

要跳到影片中的某一特定帧或场景，可以使用goto动作。该动作在"动作"工具箱作为两个动作列出：gotoAndPlay和gotoAndStop。当影片跳到某一帧时，可以选择参数来控制是从新的一帧播放影片（默认设置）还是在当前帧停止。

例如将播放头跳到第20帧，然后从那里继续播放：

```
gotoAndPlay(20);
```

例如将播放头跳到该动作所在的帧之前的第8帧：

```
gotoAndStop(_currentframe+8);
```

当单击指定的元件实例后，将播放头移动到时间轴中的下一场景并在此场景中继续回放：

```
button_1.addEventListener(MouseEvent.CLICK, fl_ClickToGoToNextScene);
function fl_ClickToGoToNextScene(event:MouseEvent):void
{
    MovieClip(this.root).nextScene();
}
```

4. 跳到不同的 URL 地址

若要在浏览器窗口中打开网页，或将数据传递到所定义URL处的另一个应用程序，可以使用getURL动作。

如下代码片段表示单击指定的元件实例会在新浏览器窗口中加载URL，即单击后跳转到相应Web页面。

```
button_1.addEventListener(MouseEvent.CLICK, fl_ClickToGoToWebPage);
function fl_ClickToGoToWebPage(event:MouseEvent):void
{
    navigateToURL(new URLRequest("http://www.sina.com"), "_blank");
}
```

对于窗口来讲，可以指定要在其中加载文档的窗口或帧。

● _self用于指定当前窗口中的当前帧。

● _blank用于指定一个新窗口。

● _parent用于指定当前帧的父级。

● _top用于指定当前窗口中的顶级帧。

8.5.2　调试脚本

编写完成脚本后，可以通过调试器来调试ActionScript脚本。ActionScript 3.0调试器仅用于ActionScript 3.0 FLA和AS文件。

ActionScript 3.0调试器将Animate工作区转换为显示调试所用面板的调试工作区，包括"动作"面板、"调试控制台"和"变量"面板。调试控制台显示调用堆栈并包含用于跟踪脚本的工具。"变量"面板显示了当前范围内的变量及其值，并允许用户自行更新这些值。

开始调试会话的方式取决于正在处理的文件类型。若从FLA文件开始调试，则执行"调试"|"调试影片"|"在Animate中"命令，打开调试所用面板的调试工作区，如图8-24所示。调试会话期间，Animate遇到断点或运行错误时将中断执行ActionScript。

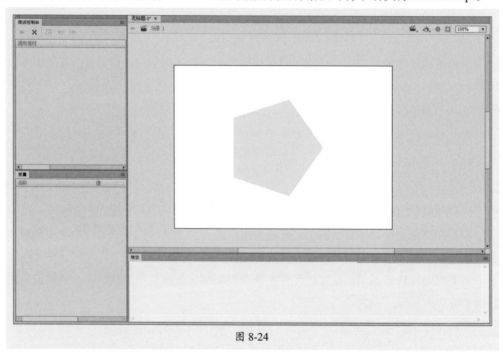

图 8-24

Animate启动调试会话时，将在为会话导出的SWF文件中添加特定信息。此信息允许调试器提供代码中遇到错误的特定行号。用户可以将此特殊调试信息包含在所有从发布设置中通过特定FLA文件创建的SWF文件中。这将允许用户调试SWF文件，即使并未显式启动调试会话。

8.6　创建交互式动画

交互式动画在播放时支持事件响应和交互功能，能够接受某种控制，而不是从头到尾进行播放。通过按钮元件和动作脚本语言ActionScript可以实现这种效果。

　　Animate中的交互功能是由事件、对象和动作组成的。创建交互式动画就是要设置在某种事件下对某个对象执行某个动作。事件是指用户单击按钮或影片剪辑实例、按下键盘等操作；动作指使播放的动画停止、使停止的动画重新播放等操作。

⒈ 事件

　　按照触发方式的不同，事件可以分为帧事件和用户触发事件。帧事件是基于时间的，如当动画播放到某一时刻时，事件就会被触发。用户触发事件是基于动作的，包括鼠标事件、键盘事件和影片剪辑事件。下面简单介绍一些用户触发事件。

- **press**：当鼠标指针移到按钮上时，按下鼠标发生的动作。
- **release**：在按钮上方按下鼠标，然后松开鼠标发生的动作。
- **rollOver**：当鼠标滑入按钮时发生的动作。
- **dragOver**：按住鼠标不放，鼠标滑入按钮发生的动作。
- **keyPress**：当按下指定键时发生的动作。
- **mouseMove**：当移动鼠标时发生的动作。
- **load**：当加载影片剪辑元件到场景中时发生的动作。
- **enterFrame**：当加入帧时发生的动作。
- **date**：当数据接收到和数据传输完时发生的动作。

⒉ 动作

　　动作是ActionScript脚本语言的灵魂和编程的核心，用于控制动画播放过程中相应的程序流程和播放状态。

- **Stop()语句**：用于停止当前播放的影片，最常见的运用是使用按钮控制影片剪辑。
- **gotoAndPlay()语句**：跳转并播放，跳转到指定的场景或帧，并从该帧开始播放；如果没有指定场景，则跳转到当前场景的指定帧。
- **getURL语句**：用于将指定的URL加载到浏览器窗口，或者将变量数据发送给指定的URL。
- **stopAllSounds语句**：用于停止当前在Animate Player中播放的所有声音，该语句不影响动画的视觉效果。

读 书 笔 记

自己练／制作网页轮播图

案例路径 云盘＼实例文件＼第8章＼自己练＼制作网页轮播图

项目背景 随着某教育公司产品课程的更新迭代，需要为其更换网站轮播图，展示近期主打课程、优惠措施以及登录界面等。现受该公司委托，为其制作一款小清新的网页轮播图。

项目要求 ①展示主打课程、近期优惠等信息。

②风格清新自然。

③尺寸为900像素×360像素，数量在2~3页。

项目分析 网页轮播图需要很好地展示公司课程，体现公司理念。选择3张主图制作出网页轮播的效果，轮播图主色选择黄色，带来轻松愉悦的观感；添加动画效果，使其可以自主播放；添加代码，使浏览者可以通过按钮控制当前页面，效果如图8-25、图8-26所示。

图 8-25

图 8-26

课时安排 3课时。

Animate

第 **9** 章

制作电子贺卡
——测试与发布

本章概述

　　制作完成动画时，需要对其进行测试发布，以满足不同的传播需要。本章节将针对影片的测试方式、优化方式、发布方式进行介绍。通过本章节的学习，可以帮助读者了解如何选择合适的测试方法，如何优化影片，如何选择合适的发布设置。

要点难点

● 测试影片 ★☆☆
● 发布影片 ★★☆
● 导出文件 ★★★

跟我学 制作新年贺卡 ////////////////////////////////////

学习目标 本实例将练习制作新年贺卡。使用绘图工具绘制贺卡内容，使用补间动画制作动态效果，最后将其输出。通过本实例，可以帮助用户了解优化影片的方法，学会测试影片，学会发布不同格式的影片。

案例路径 云盘＼实例文件＼第9章＼跟我学＼制作新年贺卡

步骤 01 新建一个尺寸为600*400的空白文档。使用"矩形工具" ■在舞台中绘制与舞台等大的矩形，并设置填色为#FF9966，效果如图9-1所示。修改"图层1"名称为"背景"，锁定图层。设置舞台颜色为灰色。

步骤 02 按Ctrl+F8组合键打开"创建新元件"对话框，新建"动态条纹" ■影片剪辑元件，使用"矩形工具"绘制600像素*10像素大小的矩形，填色为白色，如图9-2所示。

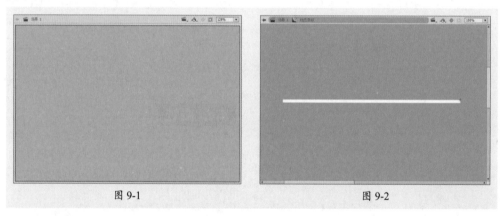

图 9-1   图 9-2

步骤 03 选中绘制的矩形，按F8键将其转换为"单根条纹"图形元件，在第15帧处按F6键插入关键帧，移动元件位置，如图9-3所示。

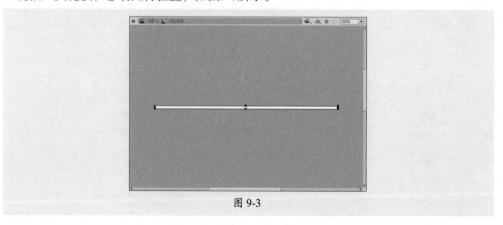

图 9-3

步骤 **04** 选择图层1第1~15帧的任意帧，右击鼠标，在弹出的快捷菜单中选择"创建传统补间"命令，创建补间动画，如图9-4所示。

步骤 **05** 新建图层，在图层2第15帧按F7键插入空白关键帧，右击鼠标，在弹出的快捷菜单中选择"动作"命令，打开"动作"面板，添加代码，如图9-5所示。

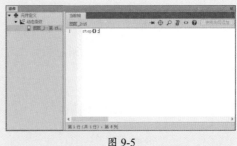

图 9-4

图 9-5

步骤 **06** 返回场景1，新建"条纹"影片剪辑元件，从"库"面板中拖曳"动态条纹"元件至舞台中合适位置，在"属性"面板中设置Alpha值为20%，重复拖曳，效果如图9-6所示。

步骤 **07** 返回场景1，在"背景"图层上新建"条纹"图层，从"库"面板中拖曳"条纹"元件至舞台中合适位置，如图9-7所示。

图 9-6

图 9-7

步骤 **08** 在"条纹"图层上方新建"文字"图层，按Ctrl+F8键新建"动态文字"影片剪辑元件，使用"文字工具" T 输入文字，在"属性"面板中设置字体系列为"站酷快乐体2016修订版"，字号为"88磅"，如图9-8所示。

图 9-8

步骤 09 选中输入的文字，按Ctrl+B组合键将其打散，并分别将其转换成图形元件，如图9-9所示。

步骤 10 选中文字，右击鼠标，在弹出的快捷菜单中选择"分散到图层"命令，将文字分散到图层，如图9-10所示。

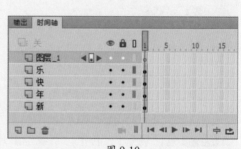

图 9-9   图 9-10

步骤 11 在"新""年""快""乐"图层的第15帧按F6键插入关键帧，选择第1帧的所有对象，使用"任意变形工具" 将其缩小，并分别在"属性"面板中设置Alpha值为0，效果如图9-11所示。

步骤 12 选择"新""年""快""乐"图层第1~15帧的任意帧，右击鼠标，在弹出的快捷菜单中选择"创建传统补间"命令，创建传统补间，如图9-12所示。

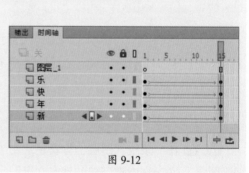

图 9-11   图 9-12

步骤 13 在时间轴中调整每个图层的第1~15帧右移，使动画错开播放，在"新""年""快""乐"图层的第45帧按F6键插入关键帧，如图9-13所示。

图 9-13

步骤 14 在"图层1"的第45帧按F7键插入空白关键帧,在"动作"面板中输入代码:

```
stop();
```

步骤 15 返回场景1,选择"文字"图层,从"库"面板中拖曳"动态文字"影片剪辑元件至舞台中心位置,如图9-14所示。

步骤 16 在"文字"图层上方新建"装饰"图层,使用"线条工具" ✏在舞台中绘制对象,如图9-15所示。

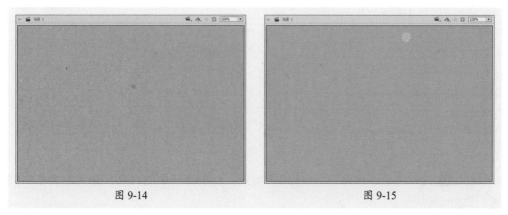

图 9-14   图 9-15

步骤 17 选中绘制的对象,按F8键将其转换为"动态烟花2"影片剪辑元件,双击进入元件编辑模式,选中元件,按F8键将其转换为"动态烟花1"影片剪辑元件,再次双击进入元件编辑模式,选中元件,将其转换为"烟花"图形元件,如图9-16所示。

步骤 18 在第25帧按F6键插入关键帧,旋转并缩小对象,调整其位置,如图9-17所示。

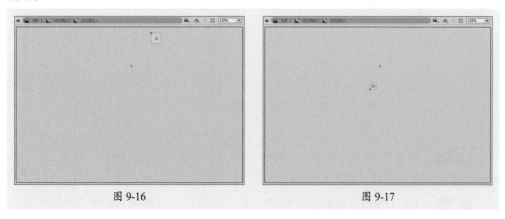

图 9-16   图 9-17

步骤 19 在第30帧按F6键插入对象,在"属性"面板中设置其Alpha值为0,如图9-18所示。

步骤 20 在第1~25帧和第25~30帧创建传统补间动画,如图9-19所示。

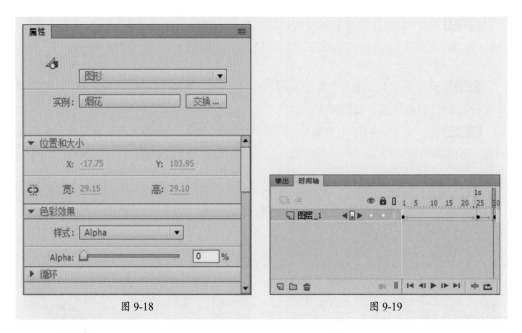

图 9-18   图 9-19

步骤 21 返回"动态烟花2"元件编辑模式，复制舞台中的对象，并调整大小和位置，如图9-20所示。

步骤 22 选中舞台中的对象，按Ctrl+Shift+D组合键将其分散至图层，并在第60帧按F6键插入关键帧，调整第1帧出现位置，制作错开效果，如图9-21所示。

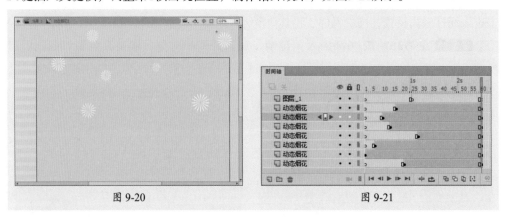

图 9-20   图 9-21

步骤 23 返回场景1，在"装饰"图层上方新建"植物"图层，使用"钢笔工具"绘制叶子并将其成组复制，效果如图9-22所示。

步骤 24 按Ctrl+F8组合键新建"植物"影片剪辑元件，使用"钢笔工具"绘制对象，如图9-23所示。将花分别转换为"花1"图形元件、"花2"图形元件，将松鼠转换为"松鼠"影片剪辑元件。

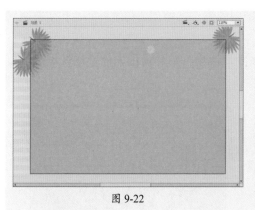

图 9-22

图 9-23

步骤 25 将场景中的对象分别放置在不同的图层中，如图9-24所示。

步骤 26 在"左花""右花"图层的第20帧处按F6键插入关键帧，选中第1帧中的对象，调整花下移，如图9-25所示。

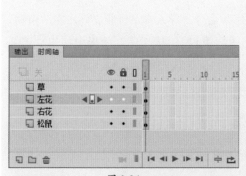

图 9-24

图 9-25

步骤 27 在"松鼠"图层的第20帧处按F6键插入关键帧，选择第1帧中的对象，在"属性"面板中为其添加"模糊"滤镜，并设置参数为26，品质为"低"，设置Alpha值为0，如图9-26所示。

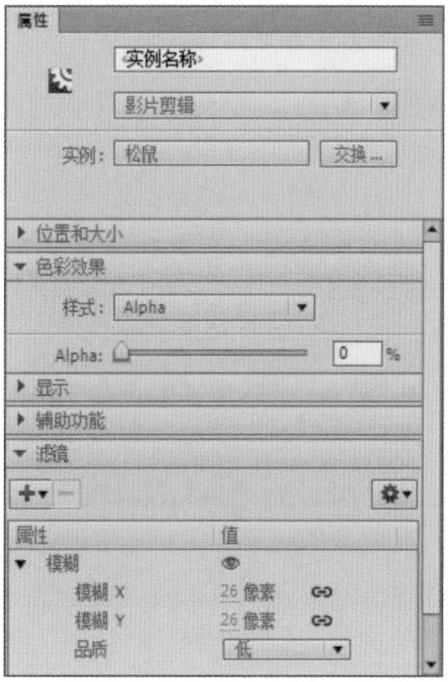

图 9-26

步骤28 在"左花""右花"和"松鼠"图层的第1~20帧创建传统补间,在所有图层的第60帧按F5键插入帧,如图9-27所示。

步骤29 返回场景1,从"库"面板中拖曳"植物"影片剪辑元件至舞台中合适位置,如图9-28所示。

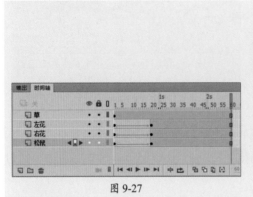
图 9-27

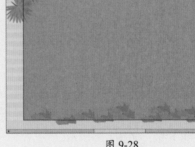
图 9-28

步骤30 执行"文件"|"导入"|"导入至库"命令,导入本章音频文件。在"植物"图层上方新建"音频"图层,选择"音频"图层第1帧,从"库"面板中拖曳"音乐.wav"至舞台中,添加音频文件,在所有图层的第150帧按F5键插入帧,如图9-29所示。

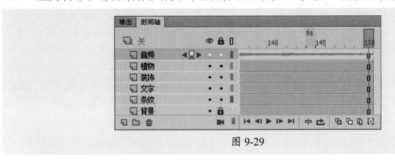
图 9-29

步骤31 至此,完成新年贺卡的制作。按Ctrl+Enter组合键测试效果,如图9-30、图9-31所示。

图 9-30

图 9-31

步骤 **32** 选中"植物"图层，执行"修改"|"形状"|"优化"命令，在弹出的"优化曲线"对话框中设置"优化强度"为5，如图9-32所示。在弹出的提示对话框中单击"确定"按钮，如图9-33所示，即可优化该图层元素与线条。

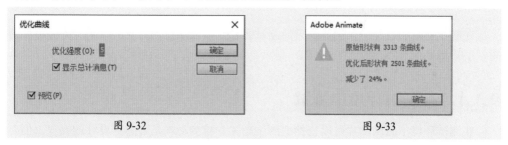

图 9-32   图 9-33

步骤 **33** 执行"文件"|"发布设置"命令，打开"发布设置"对话框，选中"Win放映文件"复选框，设置输出名称和位置，如图9-34所示。

步骤 **34** 完成后单击"发布"按钮，即可按照设置发布贺卡。在设置的保存位置中可以找到输出的文档，如图9-35所示。

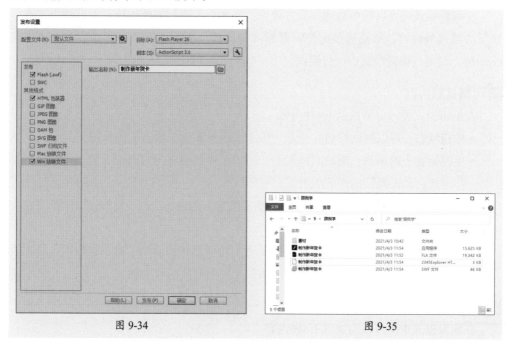

图 9-34   图 9-35

至此，完成新年贺卡的测试与输出。

学 习 心 得

听我讲 ▶ Listen to me

9.1　测试影片 //

在制作动画的过程中，需要及时地测试影片，以确保达到需要的效果。下面将针对测试影片的操作进行介绍。

9.1.1　在测试环境中测试

在测试环境中测试影片可以完整地测试影片，检测动画是否达到设计的要求。但是这种方式不能选择某一段单独测试。

执行"控制"|"测试"命令或按Ctrl+Enter组合键即可进行测试。

9.1.2　在编辑模式中测试

在编辑模式中可以简单地测试影片效果，在操作上更加方便快捷，但这种方式有一些无法测试的内容。移动播放头至需要测试的位置，执行"控制"|"播放"命令或按Enter键，即可在编辑模式中进行测试。

1. 可测试的内容 ──

在编辑模式中可以测试以下4种内容。

- **按钮状态：**可以测试按钮在弹起、按下、触摸和单击状态下的外观。
- **主时间轴上的声音：**播放时间轴时，可以试听放置在主时间轴上的声音（包括那些与舞台动画同步的声音）。
- **主时间轴上的帧动作：**任何附着在帧或按钮上的goto、Play和Stop动作都将在主时间轴上起作用。
- **主时间轴中的动画：**主时间轴上的动画（包括形状和动画过渡）起作用。这里说的是主时间轴，不包括影片剪辑或按钮元件所对应的时间轴。

2. 不可测试的内容 ───

在编辑模式中不可以测试以下4种内容。

- **影片剪辑：**影片剪辑中的声音、动画和动作将不可见或不起作用。只有影片剪辑的第一帧才会出现在编辑环境中。
- **动作：**用户无法测试交互作用、鼠标事件或依赖其他动作的功能。
- **动画速度：**Animate编辑环境中的重放速度比最终优化和导出的动画慢。
- **下载性能：**用户无法在编辑环境中测试动画在Web上的流动或下载性能。

9.2 优化影片

制作完成的影片可以通过优化减少占存空间，提高下载与播放速度。用户可以选择优化元素与线条、文本、动画、色彩等元素，优化影片。下面将对此进行介绍。

9.2.1 优化元素和线条

优化元素和线条时需要注意以下4点。

- 组合元素。
- 使用图层将动画过程中发生变化的元素与保持不变的元素分离。
- 使用"修改"｜"形状"｜"优化"命令将用于描述形状的分隔线的数量降至最少。
- 限制特殊线条类型的数量，如虚线、点线、锯齿线等。 实线所需的内存较少。用"铅笔"工具创建的线条比用刷子笔触创建的线条所需的内存更少。

9.2.2 优化文本

优化文本时需要注意以下两点。

- 限制字体和字体样式的使用，过多地使用字体或字体样式，不但会增大文件的容量，而且不利于作品风格的统一。
- 在嵌入字体选项中，选择嵌入所需的字符，而不要选择嵌入整个字体。

9.2.3 优化动画

优化动画时需要注意以下6点。

- 对于每个多次出现的元素，将其转换为元件，然后在文档中调用该元件的实例，这样在网上浏览时下载的数据就会变少。
- 创建动画序列时，尽可能使用补间动画。补间动画所占用的文件空间要小于逐帧动画，动画帧数越多差别越明显。
- 对于动画序列，使用影片剪辑而不是图形元件。
- 限制每个关键帧中的改变区域；在尽可能小的区域内执行动作。
- 避免使用动画式的位图元素；使用位图图像作为背景或者使用静态元素。
- 尽可能使用MP3这种占用空间最小的声音格式。

9.2.4 优化色彩

优化色彩时需要注意以下4点。

- 在创建实例的各种颜色效果时，应多使用实例的"颜色样式"功能。使用"颜色"面板，使文档的调色板与浏览器特定的调色板相匹配。

- 在对作品影响不大的情况下，减少渐变色的使用，而代之以单色。使用渐变色填充区域比使用纯色填充区域大概多需要 50 个字节。
- 尽量少用 Alpha 透明度，它会减慢播放速度。

9.3　发布影片

为了更好地传播影片，适用于其他文档，可以将制作好的影片发布为不同格式的文件。本小节将对此进行介绍。

9.3.1　发布设置

执行"文件"|"发布设置"命令，或按Ctrl+Shift+F12组合键，或单击"属性"面板中的"发布设置"按钮 发布设置... ，打开"发布设置"对话框，如图9-36所示。用户可以在该对话框中设置需要的格式。默认情况下，"发布"命令会创建一个Flash（.swf）文件和一个HTML文档。

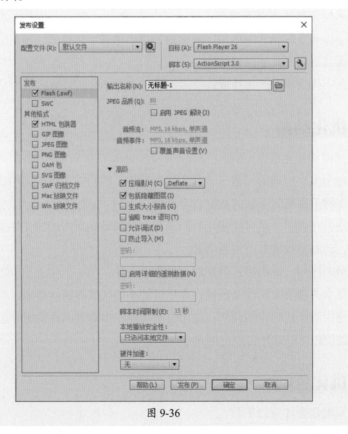

图 9-36

该对话框中各区域作用如下。

- **配置文件：**用于显示当前要显示的配置文件。

● **目标：** 用于设置当前文件的目标播放器。

● **脚本：** 用于显示当前文档所使用的ActionScript版本。

● **发布：** 用于选择文档发布的格式。

● **发布设置：** 用于设置所选发布格式，该区域内容会因发布格式的不同而变化。

9.3.2　发布为HTML文件

执行"发布"命令会默认生成一个HTML文件。用户可以在"发布设置"对话框中对其参数进行设置，以达到需要的效果。选中"发布设置"对话框中的"HTML包装器"复选框，此时对话框如图9-37所示。

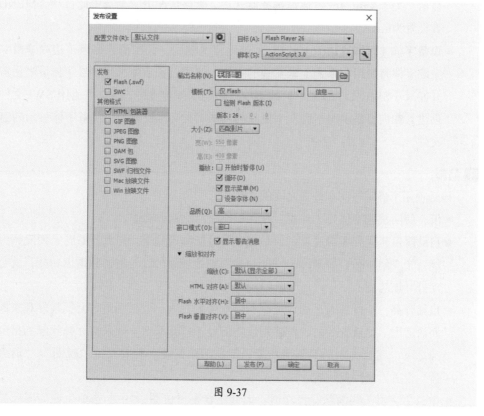

图 9-37

"发布设置"对话框中部分选项作用如下。

1. 大小

该选项可以设置HTML object 和 embed 标签中宽和高属性的值。

● **匹配影片：** 使用SWF文件的大小。

● **像素：** 输入宽度和高度的像素数量。

● **百分比：** SWF 文件占据浏览器窗口指定百分比的面积。输入要使用的宽度百分比和高度百分比。

2. 播放

该选项可以控制SWF文件的播放和功能。

- **开始时暂停**：勾选该复选框后，会一直暂停播放SWF文件，直到用户单击按钮或从快捷菜单中选择"播放"后才开始播放。默认不选中此选项，即加载内容后就立即开始播放（PLAY参数设置为true）。
- **循环**：该复选框默认处于选中状态。勾选后，内容到达最后一帧后再重复播放。取消选择此选项会使内容在到达最后一帧后停止播放。
- **显示菜单**：该复选框默认处于选中状态。用户右击（Windows）或按住Control键并单击（Macintosh）SWF文件时，会显示一个快捷菜单。若要在快捷菜单中只显示"关于Animate"，取消选择此选项。默认情况下，会选中此选项（MENU参数设置为true）。
- **设备字体（仅限Windows）**：勾选该复选框后，会用消除锯齿（边缘平滑）的系统字体替换用户系统上未安装的字体。使用设备字体可使小号字体清晰易辨，并能减小SWF文件的大小。此选项只影响那些包含静态文本（创作SWF文件时创建且在内容显示时不会发生更改的文本）且文本设置为用设备字体显示的SWF文件。

3. 品质

该选项用于确定时间和外观之间的平衡点。

- **低**：使回放速度优先于外观，并且不使用消除锯齿功能。
- **自动降低**：优先考虑速度，但是也会尽可能改善外观。回放开始时，消除锯齿功能处于关闭状态。如果Flash Player检测到处理器可以处理消除锯齿功能，就会自动打开该功能。
- **自动升高**：在开始时是回放速度和外观两者并重，但在必要时会牺牲外观来保证回放速度。回放开始时，消除锯齿功能处于打开状态。如果实际帧频降到指定帧频之下，就会关闭消除锯齿功能以提高回放速度。若要模拟"视图"｜"消除锯齿"设置，使用此设置。
- **中**：会应用一些消除锯齿功能，但并不会平滑位图。"中"选项生成的图像品质要高于"低"设置生成的图像品质，但低于"高"设置生成的图像品质。
- **高**：默认品质为"高"。使外观优先于回放速度，并始终使用消除锯齿功能。如果SWF文件不包含动画，则会对位图进行平滑处理；如果SWF文件包含动画，则不会对位图进行平滑处理。
- **最佳**：提供最佳的显示品质，而不考虑回放速度。所有的输出都已消除锯齿，而且始终对位图进行光滑处理。

4. 窗口模式

该选项用于控制object和embed标记中的HTML wmode属性。

- **窗口**：默认情况下，不会在object和embed标签中嵌入任何窗口相关的属性。内容的背景不透明并使用HTML背景颜色。HTML代码无法呈现在Animate内容的上方或下方。
- **不透明无窗口**：将Animate内容的背景设置为不透明，并遮蔽该内容下面的所有内容。使HTML内容显示在该内容的上方或上面。
- **透明无窗口**：将Animate内容的背景设置为透明，使HTML内容显示在该内容的上方或下方。
- **直接**：当使用直接模式时，在 HTML 页面中，无法将其他非 SWF 图形放置在 SWF 文件的上面。

5. HTML 对齐

该选项用于在浏览器窗口中定位SWF文件窗口。

- **默认**：使内容在浏览器窗口内居中显示，如果浏览器窗口小于应用程序，则会裁剪边缘。
- **左、右或上**：将SWF文件与浏览器窗口的相应边缘对齐，并根据需要裁剪其余的三边。

6. 缩放

该选项用于在已更改文档原始宽度和高度的情况下将内容放到指定的边界内。

- **默认（显示全部）**：在指定的区域显示整个文档，并且保持SWF文件的原始高宽比，而不发生扭曲。应用程序的两侧可能会显示边框。
- **无边框**：对文档进行缩放以填充指定的区域，并保持SWF文件的原始高宽比，同时不会发生扭曲，并根据需要裁剪SWF文件边缘。
- **精确匹配**：在指定区域显示整个文档，但不保持原始高宽比，因此可能会发生扭曲。
- **无缩放**：禁止文档在调整Flash Player窗口大小时进行缩放。

9.3.3　发布为EXE文件

为了使影片在没有安装Animate软件的计算机上播放，可以将文档发布为放映文件。在"发布设置"对话框中选择"Win放映文件"或"Mac放映文件"即可。

自己练／设计生日贺卡

案例路径 云盘\实例文件\第9章\自己练\设计生日贺卡

项目背景 萌卡艺术培训中心是一家老牌培训机构，主要培训群体为3~12岁的少年。现为了更好地维护客户关系，受该培训机构委托，为其制作一款电子生日贺卡，主要用于庆祝学生生日时使用。

项目要求 ①颜色要以温暖童趣为主。

②内容贴合儿童心理。

③尺寸为285像素×475像素。

项目分析 结合受众年龄及贺卡用途，选择整个贺卡以橙色为主，给人带来温暖的视觉感受；添加生日庆祝元素，如气球、蛋糕等，制作热闹的氛围，丰富画面；添加点蜡烛的小动画，增加操作趣味性。效果如图9-38~图9-41所示。

图 9-38　　　　　　　　图 9-39　　　　　　　　图 9-40　　　　　　　　图 9-41

课时安排 2课时。

参 考 文 献

[1] 张菲菲 . Flash CS5动画制作技术 [M]. 北京：化学工业出版社，2011.

[2] 周雄俊 . Flash动画制作技术 [M]. 北京：清华大学出版社，2011.

[3] 曹铭 . Flash MX宝典 [M]. 北京：电子工业出版社，2003.

[4] 雪之航工作室 . Flash MX中文版技巧与实例 [M]. 北京：中国铁道出版社，2003.

[5] 陈青 . Flash MX 2004标准案例教材 [M]. 北京：人民邮电出版社，2006.